野菜野果图鉴

图鉴

珞小玥 主编

U0388721

黑龙江科学技术出版社
HEILONGJIANG SCIENCE AND TECHNOLOGY PRESS

图书在版编目（CIP）数据

野菜野果图鉴 / 珞小玥主编 . -- 哈尔滨：黑龙江
科学技术出版社 , 2019.1
ISBN 978-7-5388-9877-4

Ⅰ . ①野… Ⅱ . ①珞… Ⅲ . ①野生植物 – 蔬菜 – 中国
– 图集②野果 – 中国 – 图集 Ⅳ . ① S647-64
② S759.83-64

中国版本图书馆 CIP 数据核字 (2018) 第 234943 号

野菜野果图鉴
YECAI YEGUO TUJIAN

作　　者	珞小玥	
项目总监	薛方闻	
责任编辑	马远洋	
策　　划	深圳市金版文化发展股份有限公司	
封面设计	深圳市金版文化发展股份有限公司	
出　　版	黑龙江科学技术出版社	

地址：哈尔滨市南岗区公安街 70-2 号　邮编：150007

电话：（0451）53642106　传真：（0451）53642143

网址：www.lkcbs.cn

发　　行	全国新华书店
印　　刷	深圳市雅佳图印刷有限公司
开　　本	723 mm × 1020 mm　1/16
印　　张	22
字　　数	250 千字
版　　次	2019 年 1 月第 1 版
印　　次	2019 年 1 月第 1 次印刷
书　　号	ISBN 978-7-5388-9877-4
定　　价	58.00 元

1 中文名:
全国通用的中文名称。

2 科名、属名:
科与属是生物分类系统中的两级,相近的种集合为属,相近的属集合为科。

3 拉丁学名:
在国际上,任何一种植物的拉丁学名,只对应一种植物,这就保证了植物拉丁学名的唯一性。

4 花期:
植物开花的时间,以便于读者野外观花或杂交育种。

5 果期:
植物结果的时间,有利于读者野外采摘留种驯化野菜野果。

6 分布:
植物在我国或国外野生的省份或地区。

7 生长环境:
植物生长的海拔、地形环境以及生态环境等。

山韭

●科名 / 百合科　●属名 / 葱属
●别名 / 野韭菜、䔢菜、山韭菜、䔢

Allium senescens

	1月	2月	3月	4月	5月	6月	7月	8月	9月	10月	11月	12月
● 花 期							▬	▬	▬			
● 果 期							▬	▬	▬			

分布 黑龙江、吉林、辽宁、河南、河北、山西、内蒙古、甘肃东部。

生长环境 生长于海拔2000m以下的草原、草甸、山地、山坡。

▶ 形态特征

多年生鳞茎草本。

茎叶 鳞茎单生或数枚聚生,近狭卵状圆柱形或近圆锥状,粗0.5~2.3cm。叶狭条形至宽条形,宽2~10mm,肥厚。

花朵 花葶圆柱状;伞形花序半球状至近球状,花密集、数量多;小花梗近等长;花紫红色至淡紫色;花被片长3.2~6.0mm;花柱伸出花被外。

应用

可作为野菜食用,如煮粥。

药用

全草入药,有益肾补虚、健脾开胃、暖胃除湿之效。适用于阳痿遗精、脾胃虚寒、便秘尿频、毛发脱落等病症。

006

8 别名：
我国各地常用的民间俗称。

薤白

● 科名 / 百合科　● 属名 / 葱属
● 别名 / 小根蒜、野葱、野蒜、薤白头、野白头

Allium macrostemon

	1月	2月	3月	4月	5月	6月	7月	8月	9月	10月	11月	12月
● 花 期												
● 果 期												

9 侧栏：
提供分类与科名说明，以便快速查找物种。

 分布

除新疆、青海外的全国各地区。

 生长环境

生长于山坡、丘陵、山谷、林缘或草地。

▶ **形态特征**

植株具有蒜味，草本。

🍃 **茎叶** 鳞茎近球状，粗0.7~1.5cm，基部常具小鳞茎；鳞茎外皮带黑色，纸质或膜质。叶基生，3~5枚，中空，呈半圆柱状，或因背部纵棱发达而为三棱状半圆柱形，先端渐尖，短于花葶。

🌸 **花朵** 花葶圆柱状，高30~60cm；总苞2裂；伞形花序半球状至球状；花多而密集；淡紫色或淡红色；花被片矩圆状卵形至矩圆状披针形。

备注 鳞茎近球状；鳞茎外皮带黑色

10 图片备注：
对图片该种植物所处形态的介绍。

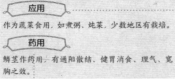

应用

作为蔬菜食用，如煮粥、炖菜，少数地区有栽培。

药用

鳞茎作药用，有通阳散结、健胃消食、理气、宽胸之效。

11 应用：
该种植物在日常生活中的应用。

13 形态特征：
关于该种植物各部位构造的详细介绍。

12 药用：
该种植物在医学中的应用价值。

007

Chapter 1 野菜

CONTENTS

Chapter 2 野果

CONTENTS

❧ 采摘攻略 ❧

为什么人们越来越热衷于采摘野菜、野果？

野味讲求味鲜，如何把握采摘野菜、野果的时间？

并不是所有野菜、野果都可以食用，采摘前切记进行辨别。

采摘野菜和野果切记远离污染严重的地方。

摘野菜、野果是一种情怀

随着经济与农业科学技术的发展，蔬菜、水果的品种推陈出新，莴笋出现了紫色的，番茄的果形越来越大，柚子也出现了红心柚等，生活的安逸却让很多经历过贫困时期的人开始怀念以前挖野菜、吃野果充饥的日子。慢慢地摘野菜、采野果成了一种情怀，每当去到乡下，很多人都习惯去或多或少地摘一些野菜和野果，既可以重温一下欢乐的童年时光，又可以科普教育下一代植物识别的常识，还可以品尝平时难以得到的美味。

但是远离农田和山野生活多年的城市人，对野菜、野果的识别能力比较低，很难一下子就辨认出野菜的品种。另外，一些时令野菜、野果的最佳采摘时间以及生长环境是什么，哪些野菜野果有毒，都成为时下很多人去野外采摘野菜、野果的难题。为了满足人们采摘野菜、野果的需求，我们编写了《野菜、野果图鉴》一书。书中介绍了我国野菜、野果资源的分布、花期、果期、形态识别以及食用部位等，便于读者对野菜、野果进行识别与采摘。

采摘时节

　　跟时令蔬菜一样，野菜也有它们的最佳采摘时节，错过了时间，想一尝美味就要等下一年了，所以把握野菜的生长期很重要。

　　春天万物复苏，是野菜生长的最佳时期，春游期间是采摘野菜的最好时节之一。野菜富含纤维素和微量元素，且大多数为草本植物，生长速度迅速，采摘的时候要选择较嫩的部位采摘，在较老的茎叶中含有大量纤维素，口感较差。食用茎叶的野菜在开花后植株营养大部分已经被消耗，食用价值不高，建议不要采摘。但食用花果的野菜必须等到其开花结果后才能进行采摘。每种野菜的生长与开花时间有所差异，在阅读本书过程中，可以利用花期果期等信息选择适当的时间进行采摘。另外，野菜最好是趁新鲜食用，久放的野菜不但不新鲜，营养成分减少，而且口感也逊色不少。

辨别植物

野外与野菜相似却有毒的植物不少，在采摘野菜前，应先学习和掌握基本的野菜知识。由于很多人对野菜的认识有限，有时采摘到的野菜不能确认，这样的野菜切不可盲目食用，应选择较了解的野菜采摘和食用。本书也对野菜、野果是否具有毒性有简单的介绍。有些具有毒性的野菜需经过简单处理（例如水煮），就可以去除其毒性。另外大多数野菜具有较强的药性，常偏凉性，虚寒者慎服，常人也不宜多食，尝尝鲜就可以了。

采摘地点

野菜的生长环境远离了人类干扰，体内不会含有除草剂、杀虫剂等农药。但这并不是绝对的，因为人类居住以及生产范围的不断扩大，很多野生生态环境也已经受到破坏。在采摘野菜、野果前，还要判断其生长环境是否良好，判断采摘地点是否远离重污染工厂、喧嚣的马路等污染较严重的地方，水源上游是否有高污染企业向下排放污水等。某些植物偏爱吸收重金属物质，如果在受污染区域内采摘到了被污染的野菜、野果，非但不能吃上"绿色食品"，反而会对身体造成危害。

野菜

Wild vegetables

Chapter

1

二色补血草

● 科名 / 白花丹科　● 属名 / 补血草属
● 别名 / 血见愁、蝇子草

Limonium bicolor

	1月	2月	3月	4月	5月	6月	7月	8月	9月	10月	11月	12月
● 花期												
● 果期												

分布　东北地区、黄河流域各省区和江苏北部。

生长环境　主要生长于平原地区，也见于山坡下部、丘陵和海滨，喜生长于含盐的钙质土上或沙土地。

▶ 形态特征

多年生草本，高20~50cm，全株（除萼外）无毛。

🌿 茎叶　叶匙形至长圆状匙形，长3~15cm，宽0.5~3.0cm，先端通常圆或钝，基部渐狭成平扁的柄。

✿ 花朵　花序圆锥状；花序轴单生，或2~5枚各由不同的叶丛中生出，通常有3~4棱角，有时具沟槽；花冠黄色。

应用

有较高的观赏价值；同时具备灭掉苍蝇的功效；还可做成香囊。

药用

益气血、散瘀止血。主病后体弱，胃脘痛，消化不良，妇女月经不调，崩漏、带下，尿血，痔血。

百合

- 科名 / 百合科
- 属名 / 百合属

Lilium brownii

	1月	2月	3月	4月	5月	6月	7月	8月	9月	10月	11月	12月
● 花 期					▬	▬						
● 果 期						▬	▬	▬				

分布 河北、山西、河南、陕西、湖北、湖南、江西、安徽和浙江等省。

生长环境 喜凉爽干燥环境，较耐寒。生长于海拔300~920m的山坡草丛中、疏林下、山沟旁。

▶ 形态特征

多年生草本，鳞茎球形。茎高0.7~2.0m。

 茎叶 叶呈披针形、窄披针形至条形，先端渐尖，全缘，两面都无毛。

花朵 花单生，喇叭形，微香，向外张开或先端外弯而不卷。

 果实 蒴果矩圆形，有棱，种子较多。

应用

可食用，鲜食干食均可。鲜花含芳香油，可做香料。

药用

可药用，有润肺止咳、清热、安神和利尿等功效。内服：煎汤或入丸。

山丹

- 科名 / 百合科　● 属名 / 百合属
- 别名 / 细叶百合

Lilium pumilum

	1月	2月	3月	4月	5月	6月	7月	8月	9月	10月	11月	12月
● 花期							▓	▓				
● 果期									▓	▓		

分布

河北、河南、山西、陕西、宁夏、山东、青海、甘肃、内蒙古、黑龙江、辽宁和吉林。

生长环境

生长于海拔400~2600m的山坡草地或林缘，在半阴半阳、微酸性土质的斜坡上及阴坡开阔地生长良好。

▶ 形态特征

多年生草本。

茎叶 鳞茎卵形或圆锥形，白色。茎高达60cm，有小乳头状突起，少数带紫色条纹。叶散生于茎中部，线形，中脉下面突出，边缘有乳头状突起。

花朵 花单生或数朵成总状花序。花鲜红色，通常无斑点，有时有少数斑点，下垂。

果实 蒴果长圆形，长2cm。

应用

鳞茎含淀粉，可食用；花美丽，可栽培供观赏；也含挥发油，可提取供香料用。

火葱

- 科名 / 百合科　● 属名 / 葱属
- 别名 / 香葱、细香葱

Allium ascalonicum

	1月	2月	3月	4月	5月	6月	7月	8月	9月	10月	11月	12月
● 花期												
● 果期												

 原产于亚洲西部。在我国南方较为广泛地栽培。

 人工栽培。

▶ 形态特征

多年生草本，植株高30~44cm。

🌿 茎叶 鳞茎聚生，呈狭卵形、矩圆状卵形或卵状圆柱形；鳞茎外皮颜色多样，有黄白色、黄红色、紫红色或红褐色等，膜质或薄革质，不破裂。中空圆筒状叶，向顶端渐尖，深绿色，常略带白粉。

应用

一般用作调料蔬菜。

药用

可用于治疗胸痹、奔豚气痛、赤白痢、产后痢、间疮痛痒、咽喉肿痛。

山韭

● 科名 / 百合科　● 属名 / 葱属
● 别名 / 野韭菜、藿菜、山韭菜、藿

Allium senescens

	1月	2月	3月	4月	5月	6月	7月	8月	9月	10月	11月	12月
● 花 期							▬▬	▬▬	▬▬			
● 果 期								▬▬	▬▬			

分布 黑龙江、吉林、辽宁、河南、河北、山西、内蒙古、甘肃东部。

生长环境 生长于海拔2000m以下的草原、草甸、山地、山坡。

▶ 形态特征

多年生鳞茎草本。

 茎叶 鳞茎单生或数枚聚生，近狭卵状圆柱形或近圆锥状，粗0.5~2.3cm。叶狭条形至宽条形，宽2~10mm，肥厚。

 花朵 花葶圆柱状；伞形花序半球状至近球状，花密集、数量多；小花梗近等长；花紫红色至淡紫色；花被片长3.2~6.0mm；花柱伸出花被外。

应用

可作为野菜食用，如煮粥。

药用

全草入药，有益肾补虚、健脾开胃、暖胃除湿之效，适用于阳痿遗精、脾胃虚寒、便秘尿频、毛发脱落等病症。

薤白

● 科名 / 百合科　● 属名 / 葱属
● 别名 / 小根蒜、野葱、野蒜、薤白头、野白头

Allium macrostemon

	1月	2月	3月	4月	5月	6月	7月	8月	9月	10月	11月	12月
● 花 期					▬	▬	▬					
● 果 期					▬	▬	▬					

分布

除新疆、青海外的全国各地区。

生长环境

生长于山坡、丘陵、山谷、林缘或草地。

▶ 形态特征

植株具有蒜味，草本。

茎叶 鳞茎近球状，粗0.7~1.5cm，基部常具小鳞茎；鳞茎外皮带黑色，纸质或膜质。叶基生，3~5枚，中空，呈半圆柱状，或因背部纵棱发达而为三棱状半圆柱形，先端渐尖，短于花葶。

花朵 花葶圆柱状，高30~60cm；总苞2裂；伞形花序半球状至球状；花多而密集；淡紫色或淡红色；花被片矩圆状卵形至矩圆状披针形。

备注 鳞茎近球状，鳞茎外皮带黑色。

应用

作为蔬菜食用，如煮粥、炖菜，少数地区有栽培。

药用

鳞茎作药用，有通阳散结、健胃消食、理气、宽胸之效。

玉竹

- 科名 / 百合科　● 属名 / 黄精属
- 别名 / 葳蕤

Polygonatum odoratum

	1月	2月	3月	4月	5月	6月	7月	8月	9月	10月	11月	12月
● 花 期					■	■						
● 果 期							■	■	■			

分布 全国大部分地区有分布，并有栽培。

生长环境 喜阴湿处，生长于山野林下、阴坡或石隙间，海拔500~3000m。

▶ 形态特征

多年生草本。高20~60cm。

茎叶 根茎横走，肉质，黄白色。叶互生，具7~12叶；叶片椭圆形，略带革质，长5~12cm。

花朵 花1~3朵簇生长于叶腋，总花梗长1.0~1.5cm，无苞片；花被筒状，黄绿色至白色，全长13~20mm。

果实 浆果球形，蓝黑色，直径7~10mm。

应用

幼苗开水烫后炒食或做汤；根状茎可凉拌、炒或与肉类炖食用，也可作园林观赏植物。

药用

根状茎药用，有养阴、润燥、清热、生津、止咳之效。

麦冬

- 科名 / 百合科
- 属名 / 沿阶草属
- 别名 / 麦门冬、沿阶草、书带草

Ophiopogon japonicus

	1月	2月	3月	4月	5月	6月	7月	8月	9月	10月	11月	12月
● 花期					■	■	■	■				
● 果期								■	■			

 分布 华东、中南，河北、陕西、四川、贵州、云南等地。

 生长环境 生长于海拔2000m以下的山坡阴湿处、林下或溪旁。

▶ 形态特征

多年生草本，高12~40cm，根膨大形成肉质块根。

🌿 茎叶 茎很短，叶基生成丛；叶禾叶状，线形，长10~50cm，宽1.5~3.5mm，边缘具细锯齿。

🌸 花朵 花葶长7~15cm；总状花序穗状顶生；花单生或对生；花小，淡紫色，略下垂；花被片6片，披针形，白色或淡紫色。

🍒 果实 浆果球形，直径5~7mm，成熟为暗蓝色。

应用

块根可以烧肉食用，或者煮粥做汤。亦可室外绿化、室内盆栽。

药用

小块根是中药麦冬，有生津解渴、润肺止咳之效。

石刁柏

●科名 / 百合科 ●属名 / 天门冬属
●别名 / 露笋、芦笋

Asparagus officinalis

	1月	2月	3月	4月	5月	6月	7月	8月	9月	10月	11月	12月
● 花 期												
● 果 期												

分布 栽培于全国各地，新疆西北部有野生。

生长环境 生长于沙质河滩、河岸、草坡或林下，多栽培。

▶ 形态特征

多年生直立草本，高达1m。根稍肉质。

 茎叶 茎平滑，上部常俯垂。叶状枝每3~6枚成簇，近圆柱形；叶鳞片状，着生在地上茎的节上。

花朵 花1~4朵腋生，单性，雌雄异株，绿黄色，花梗长7~14mm。雄花花被片6，长5~6mm，花药长圆形；雌花较小，具6枚退化雄蕊。

 果实 浆果球形，直径7~8mm，红色。

应用

嫩苗可作蔬菜食用，风味鲜美、营养丰富，是著名的保健蔬菜。

药用

可入药，有清热生津、利水通淋之效，利于心血管病、白血病、肝功能障碍和肥胖的治疗。

黄花菜

● 科名 / 百合科　● 属名 / 萱草属
● 别名 / 金针菜、柠檬萱草、忘忧草

Hemerocallis citrina

备注 花柠檬黄色。

	1月	2月	3月	4月	5月	6月	7月	8月	9月	10月	11月	12月
● 花期												
● 果期												

分布 河北、山西、山东和秦岭以南各地（不包括云南）。

生长环境 生长于海拔2000m以下的山坡山谷、荒地、草地林缘，有栽培。

▶ 形态特征

多年生草本植物，根近肉质。

茎叶 叶基生，排成两列，狭长条带状，共7~20枚，长50~130cm，宽6~25mm。

花朵 花葶长短不一，花梗较短；漏斗形花多朵，大，具淡的清香味；花被淡黄色，裂片6，花被管长3~5cm，花被裂片7~12cm。

果实 蒴果钝三棱状，椭圆形种子约20颗，黑色。

应用

它的花加工成的干菜是深受欢迎的食品，营养丰富。根可以酿酒；叶可以造纸和编织草垫。

药用

可入药，有散瘀消肿、清热利湿、宽胸解郁、补虚下奶、抗癌防癌之效。

败酱

●科名 / 败酱科　●属名 / 败酱属
●别名 / 黄花败酱、黄花龙牙、黄花苦菜、豆豉草

Patrinia scabiosaefolia

	1月	2月	3月	4月	5月	6月	7月	8月	9月	10月	11月	12月
● 花 期							▬	▬	▬			
● 果 期								▬	▬			

 分布

华北、东北、华东、华南和西南等地。

生长环境

常生长于荒山草地、山坡林下、林缘和灌丛中，以及路边、田埂边的草丛中。

▶ **形态特征**

多年生草本，高70~150cm，有特殊臭气。

🌿 **茎叶** 茎直立，黄绿色至黄棕色。基部叶簇生，卵形或长卵形，边缘有粗齿；茎生叶对生，披针形或阔卵形，长5~15cm，2~3对羽状深裂，顶端裂片最大。

❀ **花朵** 聚伞状圆锥状花序集成疏而大的伞房状花序，腋生或顶生；花直径约3mm；花冠黄色，钟形，上部5裂。

🌾 **果实** 瘦果长椭圆形，长3~4cm，种子扁椭圆形。

应用

可采摘幼苗嫩叶食用，具有独特的风味。

药用

全草入药，有清热解毒、消肿排脓、活血祛瘀之效，治慢性阑尾炎。

攀倒甑

● 科名 / 败酱科　　● 属名 / 败酱属
● 别名 / 白花败酱、毛败酱、苦斋、胭脂麻、苦菜、萌菜、苦斋草

Patrinia villosa

	1月	2月	3月	4月	5月	6月	7月	8月	9月	10月	11月	12月
● 花期								▬	▬	▬	▬	
● 果期								▬	▬	▬		

 分布 江苏、浙江、江西、安徽、河南、湖北、湖南、广东、广西、贵州、台湾和四川等地。

 生长环境 生长于海拔50~2000m的山地林下、林缘或灌丛中、草丛中。

▶ 形态特征

多年生草本，高0.5~1.2m。

茎叶 基生叶丛生，呈卵状披针形或长圆状披针形，具粗钝齿，叶柄比叶稍长；茎生叶对生，和基生叶形相同，上部叶较窄小，两面被糙伏毛或近无毛。

花朵 聚伞状花序组成圆锥状花序或伞房花序，总苞片卵状披针形、线状披针形或线形。

果实 瘦果倒卵圆形；果苞先端钝圆。

应用

可食用，嫩叶常作蔬菜。

药用

可入药，清热利湿、解毒排脓、活血祛痰。

矮桃

●科名 / 报春花科　●属名 / 珍珠菜属
●别名 / 珍珠草、劳伤药、伸筋散、调经草、红根草、狼尾花、扯根菜

Lysimachia clethroides

备注　白色的小花，宛如串串珍珠。

	1月	2月	3月	4月	5月	6月	7月	8月	9月	10月	11月	12月
● 花期												
● 果期												

分布 东北、华中、华东、华南、西南各地。

生长环境 常生长于荒地、山坡、林缘、田边和草木丛中。

▶ 形态特征

多年生草本植物，高可达约1m，根横生，淡红色。

茎叶 叶互生，长椭圆形或阔披针形，长6~14cm，宽2~5cm，两面散生黑色腺点。

花朵 总状花序顶生，盛花期长约6cm，小花密集。花冠白色，长5~6mm，常为5~6裂，裂片倒卵形。

果实 蒴果近球形，直径2.5~3.0mm。

应用

嫩叶、嫩梢可食或作牛猪饲料。

药用

全草入药，有活血调经、解毒消肿之效。

过路黄

●科名 / 报春花科　●属名 / 珍珠菜属
●别名 / 对座草、金钱草、铺地莲、真金草

Lysimachia christinae

备注 花黄色，钟形5裂。

	1月	2月	3月	4月	5月	6月	7月	8月	9月	10月	11月	12月
● 花期												
● 果期												

分布 陕西南部、河南，长江流域以南和西南地区。

生长环境 生长于山坡林下、溪沟边、路旁阴湿处。

▶ 形态特征

多年生草本植物。

 茎叶 茎匍匐延伸，长20~60cm，阳面呈绿色，阴面常呈紫色。叶绿色对生，肾圆形或近圆形，基部阔心形，叶柄长1~3cm。

 花朵 花单生叶腋，花柄短于叶柄；花冠黄色，钟形，长7~13mm，5深裂，裂片披针形或椭圆形，基部合生部分长2~4mm。

果实 蒴果球形，直径4~5mm。

应用

可作观赏植物。

药用

全草供药用，有清热解毒、利尿排石、止血生肌之效。常用于治疗胆囊炎、黄疸性肝炎、泌尿系统结石和感染、跌打损伤、毒蛇咬伤等症状。

海乳草

- 科名 / 报春花科　　● 属名 / 海乳草属
- 别名 / 西尚

Glaux maritima

	1月	2月	3月	4月	5月	6月	7月	8月	9月	10月	11月	12月
● 花 期						▬						
● 果 期							▬▬▬					

分布 黑龙江、辽宁、内蒙古、河北、山东、陕西、甘肃、新疆、青海、四川、西藏等地。

生长环境 生长于海边及内陆河漫滩盐碱地和沼泽草甸中。

▶ 形态特征

多年生草本，全株无毛，稍肉质，高3~25cm。

 茎叶 叶交互对生或有时互生；近茎基部的3~4对叶呈鳞片状，膜质，上部叶肉质，线状长圆形或近匙形，长4~15mm，宽1.5~3.5mm，全缘。

花朵 花单生长于茎中上部叶腋；花梗长可达1.5mm，有时极短，不明显；雄蕊5，稍短于花萼。

 果实 蒴果卵状球形，长2.5~3.0mm。

应用

可以作为饲用植物。

药用

根有散气止痛的功效，皮可退热，叶有祛风、明目、消肿、止痛的功效。

草胡椒

●科名 / 胡椒科
●属名 / 草胡椒属

Peperomia pellucida (L.) *Kunth*

备注 叶长和宽近相等。

	1月	2月	3月	4月	5月	6月	7月	8月	9月	10月	11月	12月
● 花 期												
● 果 期												

 分布 福建、广东、广西、云南。

 生长环境 喜潮湿温热的环境，常生长于林下湿地、石缝墙脚等处或为园圃杂草。

▶ 形态特征

一年生肉质草本，高20~40cm，茎直立。

茎叶 叶互生，膜质较薄，呈阔卵形或卵状三角形，长和宽近相等，两面均无毛。

花朵 穗状花序顶生或与叶对生，淡绿色，长2~6cm；花疏生，极小；苞片近圆形，直径约0.5mm，中央有细短柄。

果实 浆果球形，顶端尖，直径约0.5mm。

应用

可食用，生熟皆可。

药用

可入药，有散瘀止痛、清热燥湿之效。内服：煎汤。

豆瓣绿

●科名 / 胡椒科　●属名 / 草胡椒属
●别名 / 豆瓣菜、豆瓣如意

Peperomia tetraphylla

备注　叶片3~4片轮生。

	1月	2月	3月	4月	5月	6月	7月	8月	9月	10月	11月	12月
● 花 期												
● 果 期												

 分布　台湾、福建、广东、广西、云南、贵州、四川及甘肃南部和西藏南部。

 生长环境　喜温暖湿润的半阴环境，常生长于潮湿的岩石或树木上。

▶ 形态特征

多年生常绿丛生草本，肉质。

茎叶　茎匍匐，多分枝。叶片3~4片轮生，密集，呈阔椭圆形或近圆形，长9~12mm，宽5~9mm，无毛或幼叶被疏柔毛，有3条叶脉。

花朵　穗状花序单生、顶生或腋生。花小，两性，无花被，与苞片同生长于花序轴凹陷处。

果实　浆果卵球形，顶端尖，长约1mm。

应用

盆栽观赏。

药用

有祛风除湿、止咳祛痰、活血止痛之效。外敷治跌打损伤、骨折、痈疮疖肿等；内服煎汤治风湿筋骨疼痛、支气管炎。

硬毛草胡椒

● 科名 / 胡椒科
● 属名 / 草胡椒属

Peperomia cavaleriei C. DC.

	1月	2月	3月	4月	5月	6月	7月	8月	9月	10月	11月	12月
● 花 期					▬	▬	▬					
● 果 期					▬	▬	▬					

分布

广西、贵州和云南。

生长环境

喜潮湿温热环境，常生长于密林下或阴湿岩石上。

▶ 形态特征

草本，高15~30cm；茎带肉质，密被硬毛，分枝，基部匍匐，节上生根。

茎叶 叶对生或3~5片轮生，纸质，长1.5~2.5cm，上有腺点，阔倒卵形至长倒卵形，顶端圆，基部狭短，两面被硬毛，叶脉1条，叶柄短。

花朵 穗状花序顶生和腋生，长3~5cm；花稍密集，着生于花序轴的凹陷处；苞片近圆形，盾状；子房椭圆形。

备注 叶两面被硬毛。

应用

可食用。

药用

鲜品捣敷或涂汁可消肿解毒。

车前

● 科名 / 车前科　　● 属名 / 车前属
● 别名 / 车前子、车轮草、猪耳草、牛耳朵草、车轱辘菜、蛤蟆草

Plantago asiatica L.

	1 月	2 月	3 月	4 月	5 月	6 月	7 月	8 月	9 月	10 月	11 月	12 月
● 花期				████	████	████	████	████				
● 果期						████	████	████	████			

分布 全国各地。

生长环境 生长于山野、路旁、河岸湿地、花圃菜园或村边空旷处。

▶ 形态特征

多年生草本，连花茎可高达50cm。

茎叶 叶基生呈莲座状，叶片卵形或椭圆形，长4~12cm，薄纸质，全缘或呈不规则的波状浅齿。

花朵 穗状花序，细圆柱状，长3~40cm；花萼4枚，长2~3mm；花冠小，膜质，白色或淡绿色；花药长圆形，白色，干后变淡褐色。

果实 蒴果卵状圆锥形。种子近椭圆形，黑褐色。

应用

幼株或鲜嫩叶片可作野菜食用，适合做汤、凉拌等。

药用

全草可药用，有利尿、清热、明目、祛痰之效。

平车前

- 科名 / 车前科　● 属名 / 车前属
- 别名 / 车前子、车前草

Plantago depressa Willd.

	1月	2月	3月	4月	5月	6月	7月	8月	9月	10月	11月	12月
● 花　期					███████████						
● 果　期						███████████					

 分布 分布几遍全国，但以北方为多。

 生长环境 生长于草地、河边、山坡、田埂、田间及路旁。

▶ 形态特征

一年生或二年生草本。

茎叶 叶基生呈莲座状，叶纸质，椭圆状披针形或卵状披针形，长4~11cm，边缘具浅波状钝齿。

花朵 穗状花序细圆柱状，3~10个；花冠白色；花药新鲜时白色或绿白色，干后变淡褐色。

果实 蒴果卵状椭圆形至圆锥状卵形。种子长圆形，黄褐色至棕黑色。

应用

幼株可食用，适合蘸酱、炒食、做馅、做汤或和面蒸食。

药用

全草、种子入药。全草有清热利尿、凉血、解毒之效；种子亦可清热利尿、明目、祛痰。

021

薄荷

● 科名 / 唇形科　● 属名 / 薄荷属
● 别名 / 野薄荷、南薄荷、夜息香、香薷草、水薄荷、升阳菜

Mentha haplocalyx

备注　花小淡紫色，唇形。

	1月	2月	3月	4月	5月	6月	7月	8月	9月	10月	11月	12月
● 花期							■	■	■			
● 果期										■		

 分布　全国各地。

生长环境　生长于溪沟边、路旁及山野湿地，或栽培。

▶ 形态特征

多年生芳香草本，高30~80cm。

🌿 茎叶　叶对生，卵状披针形或长圆形，长3~5cm，边缘疏生锯齿。

🍀 花朵　轮伞状花序腋生，球形，直径约18mm；花萼管状钟形，萼齿5；花冠淡紫，外面略被微柔毛。

🍒 果实　小坚果卵珠形，黄褐色。

应用

可作香料，幼嫩茎尖和叶片可食用，制作饮料或用作食物装饰品。

药用

全草可入药，有疏风、散热、解毒之效，治感冒发热、喉痛、头痛、目赤痛等症状。

宝盖草

●科名 / 唇形科　●属名 / 野芝麻属
●别名 / 珍珠莲、接骨草、莲台夏枯草

Lamium amplexicaule L.

备注 花冠紫红或粉红色。

	1月	2月	3月	4月	5月	6月	7月	8月	9月	10月	11月	12月
● 花期			■	■	■							
● 果期							■	■				

分布 华东、华中、西南及西北等地。

生长环境 生长于路旁、荒地、林缘、草地等，或为田间杂草。

▶ 形态特征

一年生或二年生植物，高10~30cm。

茎叶 茎基部多分枝，中空。叶圆形或肾形，长1~2cm，两面有细毛，边缘具极深的圆齿。

花朵 轮伞状花序；花萼筒状钟形，外面密被白色柔毛，萼齿5；花冠紫红或粉红色，长1.7cm；花盘杯状，具圆齿。

果实 小坚果倒卵状三棱形，褐黑色。

应用

嫩茎叶可做野菜食用。

药用

全草入药，祛风、通络、消肿、止痛，治外伤骨折、瘫痪、小儿肝热等症。

风轮菜

● 科名 / 唇形科　● 属名 / 风轮菜属
● 别名 / 野凉粉藤草、苦刀草、九层塔、蜂窝草

Clinopodium chinense (Benth.) O. Ktze.

	1月	2月	3月	4月	5月	6月	7月	8月	9月	10月	11月	12月
● 花 期					▇	▇	▇	▇				
● 果 期							▇	▇	▇	▇		

分布 华东、湖北、湖南、广东、广西、云南等地。

生长环境 生长于山坡林下、草地灌丛、路边沟边。

▶ 形态特征

多年生草本，高可达1m。

 茎叶 茎匍匐生根，四棱形，多分枝，被短柔毛及腺毛。叶对生，卵形，长2~4cm，基部楔形，边缘具锯齿，坚纸质，正面榄绿色，背面灰白色。

花朵 轮伞状花序密集于茎端成短总状花序；花萼狭管状，常染紫红色；花冠白色至紫红色，长约9mm，上唇先端微缺，下唇3裂。

 果实 小坚果倒卵形，黄褐色。

应用

新鲜的嫩叶具有香辛味，可用于烹调、泡茶。

药用

可入药，有疏风清热、解毒消肿、止血抑菌之效。

024

藿香

- 科名 / 唇形科 ● 属名 / 藿香属
- 别名 / 土藿香、大叶薄荷、苏藿香、水蔴叶

Agastache rugosa (Fisch. et Mey.) O. Ktze.

	1月	2月	3月	4月	5月	6月	7月	8月	9月	10月	11月	12月
● 花 期						■	■	■	■			
● 果 期									■	■	■	

分布

四川、江苏、浙江、湖南、广东等地。

生长环境

生长于山坡或路旁。

▶ 形态特征

多年生芳香草本，茎直立，高40~110cm。

 茎叶 茎直立、四棱形，上部被极短的细毛，下部无毛。叶对生，心状卵形，纸质，长2~8cm，宽1~5cm，边缘具粗齿，正面橄榄绿色。

花朵 花序聚成顶生的穗状花序，穗状花序长2.5~12.0cm；萼片5裂；花冠淡紫色或淡紫蓝色，长约0.8cm，冠筒基径约1.2mm，喉部径约3mm；雄蕊伸出花冠。

果实 小坚果褐色，卵状长圆形。

应用

芳香油原料，香料作物。茎叶可直接食用。

药用

全草入药，消暑解表、化湿和胃。有治霍乱腹痛、驱逐肠胃充气、止呕吐等效。

凉粉草

● 科名 / 唇形科　● 属名 / 凉粉草属
● 别名 / 仙草、仙人草、仙人冻、仙人伴

Mesona chinensis Benth.

	1月	2月	3月	4月	5月	6月	7月	8月	9月	10月	11月	12月
● 花期												
● 果期												

 分布

浙江、江西、广东、广西西部、台湾。

生长环境

生长于水沟边以及干沙地草丛中。

▶ **形态特征**

一年生草本，直立或匍匐生长，高15~100cm。

茎叶 叶狭卵圆形至阔卵圆形，也有近圆形，在小枝上者较小，边缘锯齿或浅或深，纸质或近膜质。

花朵 多数为轮伞状花序，组成间断的顶生总状花序，花序长2~13cm；花梗细，长3~5mm；花萼开花时呈钟形，结果时为筒状或坛状筒形，长3~5mm；花冠白色或淡红色。

果实 小坚果呈长圆形，黑色。

应用

植株晒干后可煎汁与米浆混合煮熟，冷却后即成黑色胶状物，质韧而软，以糖拌之可作暑天的解渴品，广东、广西常有出售，并且称之为凉粉。

留兰香

● 科名 / 唇形科　　● 属名 / 薄荷属
● 别名 / 绿薄荷、香花菜、香薄荷、青薄荷、血香菜、假薄荷

Mentha spicata Linn.

	1月	2月	3月	4月	5月	6月	7月	8月	9月	10月	11月	12月
● 花期							▬	▬	▬			
● 果期									▬	▬		

 分布 河北、江苏、浙江、广东、广西、四川、贵州、云南等地。

 生长环境 多栽培于湿润肥沃、光照充足的园圃、农田、庭院。

▶ 形态特征

多年生芳香草本，高30~130cm。

茎叶 叶对生，卵状长圆形或长圆状披针形，长3~7cm，宽1~2cm，正面绿色，背面灰绿色，边缘具不规则的尖锐锯齿。

花朵 轮伞状花序生长于茎及分枝顶端，形成密集的圆柱形穗状花序；花萼钟形；花冠淡紫色。

果实 小坚果卵形，黑色。

应用

可作香料来源。嫩枝、叶常作调味香料食用，也可作蔬菜。

药用

叶、嫩枝或全草可入药，有祛风散寒、止咳、消肿解毒、利尿、降血压之效。

罗勒

- 科名 / 唇形科　　●属名 / 罗勒属
- 别名 / 九重塔、九层塔、千层塔、兰香、零陵香、香菜、矮糠、薰草、铃子香

Ocimum basilicum L.

	1月	2月	3月	4月	5月	6月	7月	8月	9月	10月	11月	12月
● 花 期							▬	▬	▬			
● 果 期									▬	▬	▬	▬

分布　我国长江以南地区有野生。

生长环境　喜温暖湿润气候，不耐寒，不耐涝，适种于排水良好而肥沃的砂质壤土或腐殖质壤土。

▶ 形态特征

一年生芳香草本，高20~80cm。

茎叶　茎直立，钝四棱形，绿色。叶对生，卵圆形至卵状披针形，近于全缘或具疏锯齿，两面近无毛。

花朵　总状花序顶生长于茎、枝上，由轮伞状花序组成；花萼钟形；花冠淡紫色或白色，长约6mm。

果实　小坚果卵珠形，黑褐色。

应用

可作调香原料。嫩茎叶可食，可调制成凉菜。

药用

全草入药，有疏风行气、化湿消食、活血、解毒之效。种子名光明子、罗勒子，清热，明目。

山菠菜

● 科名 / 唇形科　● 属名 / 夏枯草属
● 别名 / 灯笼头

Prunella asiatica

	1月	2月	3月	4月	5月	6月	7月	8月	9月	10月	11月	12月
● 花 期					▬	▬	▬					
● 果 期								▬	▬			

分布

黑龙江、吉林、辽宁、山西、山东、江苏、浙江、安徽及江西等地。

生长环境

生长于路旁、山坡草地、灌丛及潮湿处。

▶ 形态特征

多年生草本，高20~60cm。

茎叶 茎钝四棱形，紫红色。茎叶卵圆形或卵圆状长圆形，长3.0~4.5cm，正面绿色而背面淡绿色，边缘疏生波状齿或圆齿状锯齿。

花朵 轮伞状花序6花，聚集于枝顶成长3~5cm的穗状花序，每一轮伞状花序下方均承以扁圆形苞片。花萼先端红色或紫色，有3短齿。外花冠淡紫或深紫色，长18~21mm。

果实 小坚果卵珠状，顶端浑圆，棕色，无毛。

备注 每一轮伞状花序下方均承以扁圆形苞片。

应用

可泡制茶饮或煮药粥食用。

药用

全草入药，有清火明目、散结消肿、利尿、降血压之效，也可以用于治淋病。

香薷

- 科名 / 唇形科 ● 属名 / 香薷属
- 别名 / 蜜蜂草、香草、香茹草、野芭子

Elsholtzia ciliata

	1月	2月	3月	4月	5月	6月	7月	8月	9月	10月	11月	12月
● 花期												
● 果期												

分布

除新疆、青海外产于中国其他各地。

生长环境

生长于路旁、山坡、荒地、林下、河岸，有栽培。

▶ 形态特征

一年生直立草本。

🌿 **茎叶** 茎高30~50cm；茎钝四棱形，通常自中部以上分枝，常呈麦秆黄色，老时变紫褐色。叶对生，椭圆状披针形，长3~9cm，先端渐尖，边缘具锯齿。

🌸 **花朵** 穗状花序长2~7cm，由多花的轮伞状花序组成；花梗纤细，苞片宽卵圆形；花萼钟状，裂齿5；花冠淡紫色，外被柔毛，上唇直立，下唇3裂。

🍒 **果实** 小坚果长圆形，棕黄色，长约1mm。

应用

烹饪调料，可用作烹制肉类。

药用

全草入药，治急性肠胃炎、腹痛吐泻、夏秋阳暑、头痛发热等。

野芝麻

● 科名 / 唇形科　● 属名 / 野芝麻属
● 别名 / 山芝麻、地蚤、野藿香、山麦胡、山苏子、白花益母草

Lamium barbatum

备注 轮伞状花序。

	1月	2月	3月	4月	5月	6月	7月	8月	9月	10月	11月	12月
● 花 期												
● 果 期												

分布 东北、华北、华东、华中及四川、贵州等地区。

生长环境 生长于路边、溪旁、田埂、荒坡、林间空地、灌木丛等。

▶ 形态特征

多年生草本植物；根茎有地下匍匐枝，高可达1m。

茎叶 叶对生，草质，边缘有锯齿。茎下部的叶卵圆形或心脏形，长4.5~8.5cm；茎上部的叶卵状披针形，较下部的叶为长而狭。

花朵 轮伞状花序生长于茎端，4~14花。花冠白色或淡黄色，长约2cm。

果实 小坚果倒卵形，淡褐色。

应用

嫩叶可食用，适合做汤或炒食。

药用

全草可入药，有凉血、止血、利尿通淋之效，用于跌打损伤、肺热咯血、月经不调等症状。

益母草

- 科名 / 唇形科　●属名 / 益母草属
- 别名 / 益母艾、益母蒿、坤草、红花艾、三角小胡麻

Leonurus artemisia

	1月	2月	3月	4月	5月	6月	7月	8月	9月	10月	11月	12月
● 花期												
● 果期												

分布 中国各地。

生长环境 生长于山野荒地、田埂、草地、溪边等处。

▶ 形态特征

一年生或二年生草本，高30~120cm。

茎叶 茎直立，四棱形。叶轮廓变化很大，对生，掌状3裂，裂片呈长圆状菱形至卵圆形，裂片上再分裂，正面绿色，背面淡绿色。

花朵 轮伞状花序腋生，具花8~15朵；苞片线形；花萼钟形，先端5齿裂；花冠粉红至淡紫红色，长1.0~1.2cm，唇形，被柔毛，全缘。

果实 小坚果淡褐色，长圆状三棱形。

应用

嫩茎叶可作野菜食用，干品可煲汤。

药用

全草入药，有效成分为益母草素，有活血、祛瘀、调经、利尿之效，但不宜多用。

錾菜

- 科名 / 唇形科
- 属名 / 益母草属
- 别名 / 白花益母膏、山玉米

Leonurus pseudomacranthus

	1月	2月	3月	4月	5月	6月	7月	8月	9月	10月	11月	12月
● 花期								▬	▬			
● 果期									▬	▬		

分布

辽宁、山东、河北、河南、山西、陕西南部、甘肃南部、安徽及江苏。

生长环境

生长于山坡或丘陵地上，海拔100~1200m处。

▶ **形态特征**

多年生草本。

茎叶 茎及分枝钝四棱形。近茎基部叶轮廓为卵圆形，长6~7cm，宽4~5cm；叶柄长1~2cm，具狭翅，腹面具槽，背面圆形，密被小硬毛。

花朵 雄蕊4，均延伸至上唇片之下，前对较长，花丝丝状，扁平，具紫斑，中部以下或近基部有微柔毛，花药卵圆形，2室。花柱丝状，先端相等2浅裂。花盘平顶。子房褐色，无毛。

果实 小坚果长圆状三棱形，黑褐色。

应用

嫩茎叶可作野菜食用。

药用

活血调经，解毒消肿。主治月经不调、闭经、痛经；产后瘀血腹痛、崩漏；跌打伤痛、疮痈。

紫苏

- 科名 / 唇形科　● 属名 / 紫苏属
- 别名 / 苏麻、苏、赤苏、香苏、青苏

Perilla frutescens

	1月	2月	3月	4月	5月	6月	7月	8月	9月	10月	11月	12月
● 花期								▬	▬	▬	▬	
● 果期								▬	▬	▬	▬	

备注 紫苏有紫色和绿色两种，叶全绿的又称白苏。

应用

香料植物。叶可供食用，种子可榨油。

药用

入药发汗散寒、解郁止呕，用于感冒风寒、胸闷呕吐。

分布

原产中国，华北、华中、华南、西南及中国台湾均有野生种和栽培种。

生长环境

适应性很强，房前屋后、沟边地边、果树幼林下均能栽种。

▶ 形态特征

一年生芳香草本，高30~200cm。

茎叶 茎直立，多分枝，紫色或绿色，钝四棱形，密被长柔毛。叶阔卵形或圆形，长4~13cm，膜质或草质，两面绿色或紫色，或仅背面紫色，边缘具粗锯齿。

花朵 顶生和腋生轮伞状花序；花冠唇形，长3~4mm，白色至紫红色。

果实 小坚果近球形，灰褐色，直径约1.3mm，具网纹。

酢浆草

- 科名 / 酢浆草科　● 属名 / 酢浆草属
- 别名 / 酸味草（广州）、鸠酸（唐本草）、酸醋酱（河南）

Oxalis corniculata

	1月	2月	3月	4月	5月	6月	7月	8月	9月	10月	11月	12月
● 花 期		████	████	████	████	████	████	████	████			
● 果 期		████	████	████	████	████	████	████	████			

分布　全国广布。

生长环境　喜温暖湿润半阴环境，生长于山坡草池、河谷沿岸、路边、田边、荒地或林下阴湿处等。

▶ 形态特征

多年生草本，高10~35cm，全株被柔毛。

茎叶　茎细弱，直立或匍匐，匍匐茎节上生根。叶基生或茎上互生；小叶3，无柄，倒心形。

花朵　花单生或数朵集为伞形花序状，腋生；花梗果后延伸；小苞片2，披针形，膜质；花瓣5，黄色，长圆状倒卵形。

果实　蒴果长圆柱形，5棱。种子长卵形，褐色。

应用
茎叶含草酸，可用以磨镜或擦铜器，使其具光泽。牛羊食其过多可中毒致死。

药用
全草可入药，有解热利尿、消肿散瘀的功效。

035

红花酢浆草

- 科名 / 酢浆草科　●属名 / 酢浆草属
- 别名 / 大酸味草、紫花酢浆草、多花酢浆草

Oxalis corymbosa

	1月	2月	3月	4月	5月	6月	7月	8月	9月	10月	11月	12月
● 花 期					▬							
● 果 期						▬▬▬▬						

应用

可以作野菜食用，开水焯后，凉拌、炒菜。也可以做观赏植物，既可以布置于花坛、花境，又适于大片栽植作为地被植物和隙地丛植。

药用

全草入药，有清热解毒、散瘀消肿之效，用于调经。

分布

河北、陕西、四川、云南和华东、华中、华南等地。

生长环境

喜温暖、湿润的环境，生长于山地、疏林、荒坡荒地。

▶ 形态特征

多年生草本，高约35cm。

🌱 **茎叶** 地下部分有多数小鳞茎聚生在一起。叶基生，掌状复叶，小叶3枚；总叶柄长15~24cm，小叶阔倒心形，先端凹缺，两侧角圆形，全缘，表面绿色。

❀ **花朵** 伞形花序有花6~10朵；萼片5，绿色，披针形；花瓣5，淡紫红色，基部绿黄色，有深色条纹，倒披针形。

🍒 **果实** 蒴果角果状，具毛，熟时裂开。种子细小，椭圆形，棕褐色。

铁苋菜

- 科名 / 大戟科　● 属名 / 铁苋菜属
- 别名 / 海蚌含珠、叶里含珠、蚌壳草、血见愁

Acalypha australis

	1月	2月	3月	4月	5月	6月	7月	8月	9月	10月	11月	12月
花期												
果期												

分布 我国除西部高原或干燥地区外，大部分省区均产。

生长环境 生长于平原旷野、丘陵、路边、山坡或较湿润的耕地和空旷草地。

▶ 形态特征

一年生草本，高30~50cm。

 茎叶 叶互生，膜质；叶片卵状菱形或卵状椭圆形，长2.0~7.5cm，宽1.5~3.5cm，边缘有钝齿。

花朵 花序腋生，长1.5~5.0cm；花单性，雌雄同株。雄花生长于花序上部，排列呈穗状或头状；雌花序生长于叶状苞片内。

 果实 蒴果小，三角状半圆形；种子卵形。

应用

嫩叶嫩苗可食用，为南方民间野菜品种之一。

药用

全草或入药，有清热解毒、利湿消积、收敛止血之效。

白车轴草

● 科名 / 豆科 ● 属名 / 车轴草属
● 别名 / 白花车轴草、白三叶草、白花苜蓿

Trifolium repens

备注 掌状三出复叶。

	1月	2月	3月	4月	5月	6月	7月	8月	9月	10月	11月	12月
● 花期												
● 果期												

 分布 我国常见于种植，并在湿润草地、河岸、路边呈半自生状态。

 生长环境 常见栽培植物，喜温暖湿润气候。

▶ 形态特征

短期多年生草本，高10~25cm。

🌿 **茎叶** 茎匍匐蔓生。掌状三出复叶；小叶倒卵形至近倒心脏形，长1.2~2.0cm，宽1~2cm，先端圆或凹陷。萼筒状，叶柄较长，长10~20cm。

🌸 **花朵** 头状花序球形，顶生；具花20~50朵，密集；花冠白色、淡红色或乳黄色，具香气。

🍒 **果实** 荚果长圆形；种子通常3粒，褐色，阔卵形。

应用

重要栽培牧草，含丰富的蛋白质和矿物质，并可作草坪草种。

药用

全草可入药，有清热凉血、宁心安神之效。

蚕豆

- 科名 / 豆科 ● 属名 / 野豌豆属
- 别名 / 罗汉豆、南豆、胡豆、竖豆、佛豆

Vicia faba

备注 豆荚肥厚，表皮绿色被绒毛。

	1月	2月	3月	4月	5月	6月	7月	8月	9月	10月	11月	12月
● 花期				▬	▬							
● 果期					▬	▬						

 分布 全国各地均有栽培，以长江以南为胜。

生长环境 生长于田中或田边，多栽培。

▶ 形态特征

一年生或越年生草本，高30~180cm。

茎叶 茎直立，不分枝，方形，中空。偶数羽状复叶，互生；小叶1~3对，椭圆形或倒卵形，长4~8cm，阔2.5~4.0cm，全缘。

花朵 总状花序腋生或单生，花1至数朵；总花梗极短；花萼钟形；花冠蝶形，白色，具红紫色斑纹。

果实 荚果长圆形，稍扁，长5~10cm，阔约2cm。种子2~4颗，椭圆形，略扁平，中间内凹。

刺槐

● 科名 / 豆科　　● 属名 / 刺槐属
● 别名 / 洋槐

Robinia pseudoacacia Linn.

	1月	2月	3月	4月	5月	6月	7月	8月	9月	10月	11月	12月
● 花期				■	■	■						
● 果期								■	■			

备注 白色蝶形花。

应用

花可食用；蜜源植物；优良木材。

药用

花入药，煎汤内服，止血。主治大肠下血、咯血、吐血等。

分布

分布于全国各地。

生长环境

生长于公路及村舍附近。

▶ 形态特征

落叶乔木，高10~20m；树皮灰褐色至黑褐色，纵裂。

茎叶 枝上具刺针，小枝灰褐色。单数羽状复叶互生，小叶7~19枚，卵状长圆形，长2.5~4.0cm，全缘。

花朵 总状花序腋生，长10~20cm，下垂，花多数，芳香；花萼钟状，具绒毛；花冠白色，蝶形，各瓣均具瓣柄，旗瓣近圆形。

果实 荚果成熟后赤褐色，扁平，有种子4~10粒；种子褐色至黑褐色，微具光泽，近肾形，有时具斑纹。

决明

Cassia tora Linn.

	1月	2月	3月	4月	5月	6月	7月	8月	9月	10月	11月	12月
● 花 期								▬	▬	▬	▬	
● 果 期								▬	▬	▬	▬	

分布 我国长江以南各省区普遍分布。

生长环境 生长于山坡、旷野及河边沙地上。

▶ 形态特征

一年生亚灌木状草本，高0.5~2.0m，直立、粗壮。

茎叶 叶互生，羽状复叶，叶长4~8cm；小叶3对，膜质，倒卵形或倒卵状长椭圆形，长2~6cm，顶端远钝而有小尖头，背面被柔毛。

花朵 花腋生，通常2朵聚生；萼片5枚，卵形或长圆形，膜质，外面被柔毛；花瓣5，黄色，下部两片略长；子房无柄，被白色柔毛。

果实 荚果纤长，两端渐尖，膜质；种子多数，菱形，光亮，灰绿色。

应用
苗叶和嫩果可食，种子可提取蓝色染料。

药用
种子叫决明子，入药具有清肝明目、通便之效。

美丽胡枝子

● 科名 / 豆科　● 属名 / 胡枝子属
● 别名 / 三妹木、假蓝根、红布纱、马扫帚

Lespedeza formosa

	1月	2月	3月	4月	5月	6月	7月	8月	9月	10月	11月	12月
● 花 期							▬	▬	▬			
● 果 期									▬	▬		

分布 我国华北、西北、华东、华中及西南各省区均有分布。

生长环境 生长于山坡林下、路旁及林缘灌丛中。

▶ 形态特征

直立灌木，高1~2m。

 茎叶 复叶有小叶3片，椭圆形或卵形，长2.5~6.0cm，正面绿色，背面被淡绿色且贴生短柔毛。

花朵 总状花序腋生，长6~15cm；花梗短，被毛；花萼钟状，长5~7mm，5深裂；花冠红紫色，长1.0~1.5cm。

 果实 荚果倒卵形、倒卵状长圆形或披针形，长8mm，宽4mm，具网纹。

南苜蓿

- 科名 / 豆科
- 属名 / 苜蓿属
- 别名 / 金花菜、黄花草子

Medicago polymorpha

备注 花微小，黄色。

	1月	2月	3月	4月	5月	6月	7月	8月	9月	10月	11月	12月
● 花期			▬	▬	▬							
● 果期				▬	▬	▬						

 分布 长江流域以南和陕西、甘肃、贵州、云南等省区。

 生长环境 喜温暖半湿润气候，常栽培或在较肥沃的路旁、草坪、荒地呈半野生状态。

▶ 形态特征

一、二年生草本，高20~90cm。

🌿 茎叶 茎平卧或直立，近四棱形。羽状三出复叶；小叶倒卵形或三角状倒卵形，长7~20mm，纸质。

✿ 花朵 花序头状伞形，腋生，具花2~10朵；花长3~4mm；花冠黄色。

🍒 果实 荚果盘状螺旋形，暗绿褐色，直径约6mm。种子长肾形，长约2.5mm，棕褐色。

应用

优良牧草，绿肥，也可供蔬菜食用。

药用

全草入药，有清热利尿之效，治膀胱结石。

歪头菜

● 科名 / 豆科　　● 属名 / 野豌豆属
● 别名 / 三铃子、草豆、两叶豆苗、豆苗菜

Vicia unijuga A. Br.

	1月	2月	3月	4月	5月	6月	7月	8月	9月	10月	11月	12月
● 花　期												
● 果　期												

分布

我国东北、华北、华中、西南。

生长环境

生长于山地、沟边、林缘、草地及向阳灌丛。

▶ 形态特征

多年生草本，高可达1m。根茎粗壮，须根发达。

🌿 **茎叶** 小叶1对，互生，卵状披针形或近菱形，长2.5~7.0cm，先端渐尖，边缘粗糙。

❀ **花朵** 总状花序腋生；花萼紫色，斜钟状或钟状；花冠蓝紫色、紫红色或紫色，旗瓣倒提琴形。

🌰 **果实** 荚果扁、长圆形，无毛，棕黄色，长2~4cm，成熟时腹背开裂，果瓣扭曲。种子扁圆球形，种皮黑褐色。

应用

优良牧草，幼嫩时可为蔬菜。

药用

全草药用，有补虚、调肝、理气、止痛之效。

野大豆

●科名 / 豆科 ●属名 / 大豆属
●别名 / 野大豆、小落豆、小落豆秧、落豆秧、山黄豆、乌豆、野黄豆

Glycine soja Sieb. et Zucc.

	1月	2月	3月	4月	5月	6月	7月	8月	9月	10月	11月	12月
● 花期							▬▬	▬▬				
● 果期								▬▬	▬▬	▬▬		

 分布 除新疆、青海和海南外，遍布全国。

 生长环境 喜水耐湿；生长于海拔150~2650m处，常见于潮湿的低洼湿地的矮灌木丛或芦苇丛中。

▶ 形态特征

一年生缠绕草本，根草质。

🌿 **茎叶** 茎纤细，长1~4m。叶具3小叶，顶生小叶卵圆形或卵状披针形，侧生小叶偏斜。

✿ **花朵** 总状花序，花小，长约5mm；花萼钟状；花冠淡紫红或白色。

🍒 **果实** 荚果长圆形，稍弯，两侧扁，有种子2~3。种子椭圆形，稍扁，褐色或黑色。

应用

可作牧草、绿肥，茎皮纤维可织麻袋。种子可供食用，制酱、酱油和豆腐等。可榨油。

药用

全草可药用，有补气血、强壮、利尿等功效。

045

长萼鸡眼草

- 科名 / 豆科　　● 属名 / 鸡眼草属
- 别名 / 掐不齐、野首蓿草、圆叶鸡眼草

Kummerowia stipulacea

	1月	2月	3月	4月	5月	6月	7月	8月	9月	10月	11月	12月
● 花 期							▬	▬	▬			
● 果 期								▬	▬	▬		

 我国东北、华北、华东、中南、西北及台湾等省区有分布。

 生长于海拔100~1200m的路旁、草地、山坡、固定或半固定沙丘等处。

▶ 形态特征

一年生草本，株高7~15cm。

茎叶 茎部直立，也有上升或平伏，分枝较多。三出羽状复叶；小叶纸质，倒卵形或倒卵状楔形。

花朵 花腋生，常1~2朵；花冠上部旗瓣暗紫色椭圆形，下部渐狭成瓣柄，比龙骨瓣短，翼瓣狭披针形，与旗瓣近等长，龙骨瓣钝，上面有暗紫色斑点。

果实 荚果椭圆形或卵形，稍侧偏。

应用

可作饲料及绿肥。

药用

可入药，能清热解毒、健脾利湿。

紫苜蓿

- 科名 / 豆科　● 属名 / 苜蓿属
- 别名 / 紫花苜蓿、苜蓿、三叶草、连枝草

Medicago sativa

	1月	2月	3月	4月	5月	6月	7月	8月	9月	10月	11月	12月
● 花 期					■	■	■					
● 果 期						■	■	■				

分布

全国各地都有栽培或呈半野生状态。

生长环境

生长于旷野、草原、田间、路旁、河岸等地。

▶ 形态特征

多年生宿根草本，高30~100cm。

 茎叶 茎直立、丛生或匍匐，四棱形，多分枝，枝叶茂盛。羽状三出复叶；托叶大，卵状披针形；小叶片倒卵状长圆形，长1~2.5cm。

花朵 花8~25朵形成簇状的总状花序；花梗由叶腋抽出；萼钟状，有5齿；花冠紫色，花瓣均具长瓣柄。

果实 荚果螺旋形，2~4绕不等，熟时棕褐色。种子很小，平滑，黄色或棕色。

应用

嫩茎叶可食用，味道鲜美，营养丰富。重要饲料与牧草。

药用

入药，有清脾胃、利大小肠、下膀胱结石之效。

紫藤

● 科名 / 豆科　● 属名 / 紫藤属
● 别名 / 藤萝、招豆藤、朱藤、藤花菜、豆藤

Wisteria sinensis

	1月	2月	3月	4月	5月	6月	7月	8月	9月	10月	11月	12月
● 花 期												
● 果 期												

备注 春季先叶开花，青紫色蝶形花冠，花紫色或深紫色。

应用

观赏植物；花可食用，适合凉拌或裹面油炸。

药用

可入药，有杀虫、止痛之效，用于腹痛、蛲虫病等症状。

分布

河北以南黄河流域及陕西、河南、广西、云南等地。

生长环境

生长于溪谷两旁、山坡草地、林缘等地。

▶ 形态特征

落叶攀缘藤本。

 茎叶 茎左旋，粗壮，分枝多，嫩枝被白色柔毛。奇数羽状复叶互生，有长柄；小叶7~11枚，纸质，卵状椭圆形至卵状披针形。

花朵 总状花序发自去年年短枝的腋芽或顶芽，下垂，长15~30cm；花萼钟状；花冠蝶形，紫色，旗瓣大，圆形，花开后反折。

果实 荚果倒披针形，密被黄色绒毛，扁平状，悬垂枝上不脱落，长10~15cm。种子褐色，光泽，圆形，扁平。

紫云英

● 科名 / 豆科　● 属名 / 黄耆属
● 别名 / 红花草、荷花郎

Astragalus sinicus

备注　花冠常为紫红色。

	1月	2月	3月	4月	5月	6月	7月	8月	9月	10月	11月	12月
● 花 期												
● 果 期												

 分布　长江流域各省区。

 生长环境　生长于山路、山坡、溪边及森林潮湿处。

▶ 形态特征

二年生草本，多分枝，匍匐，高10~30cm。

茎叶　奇数羽状复叶，有7~13片小叶，长5~15cm；小叶倒卵形或椭圆形；叶柄较叶轴短。

花朵　伞形花序腋生，有5~10花；苞片三角状卵形；花冠紫红色或橙黄色。

果实　荚果线状长圆形；种子肾形，栗褐色。

应用

优良的绿肥作物和牲畜饲料，嫩梢可供蔬食。

药用

该种根、全草和种子可入药，有清热解毒、祛风明目之效，可治疗风痰咳嗽。

南烛

● 科名 / 杜鹃花科　● 属名 / 越桔属
● 别名 / 染菽、乌饭树、米饭树、乌饭叶、饭筒树、乌饭子、苞越桔

Vaccinium bracteatum Thunb.

	1月	2月	3月	4月	5月	6月	7月	8月	9月	10月	11月	12月
● 花期						▬	▬					
● 果期								▬	▬	▬		

 分布 华东、华中、华南、西南，中国台湾也有分布。

 生长环境 常见于山坡林内、路旁或灌丛中。

▶ 形态特征

常绿灌木或小乔木，高2~6m。

🌿 **茎叶** 叶片薄革质，椭圆形、菱状椭圆形、披针状椭圆形至披针形，长4~9cm，宽2~4cm，顶端尖，边缘有锯齿，两面无毛。

🌼 **花朵** 总状花序顶生和腋生，长4~10cm，花多数，苞片叶状，披针形；花梗短，花冠白色，筒状，长5~7mm。

🍒 **果实** 浆果直径5~8mm，熟时紫黑色。

应用

果实成熟后酸甜，可食。江南一带在寒食节有习俗采其枝、叶渍汁浸米，用于煮"乌饭"。

药用

果实入药，名"南烛子"，有强筋益气、固精之效。

凤仙花

- 科名 / 凤仙花科　● 属名 / 凤仙花属
- 别名 / 指甲花、凤仙透骨草、金凤花、染指甲草、急性子

Impatiens balsamina L.

	1月	2月	3月	4月	5月	6月	7月	8月	9月	10月	11月	12月
● 花期							■	■	■	■		
● 果期												

 分布 中国南北各地均有栽培，主产于江苏、浙江、河北、安徽等地。

 生长环境 各地庭园、村落建筑旁。

▶ 形态特征

一年生草本，高40~100cm。

🌿 **茎叶** 茎肉质，直立，粗壮。叶互生，披针形，长4~12cm，宽1~3cm，先端长渐尖，边缘有锐锯齿。

✽ **花朵** 花单生或2~3朵簇生长于叶腋，白色、粉红色或紫色；翼瓣宽大，有短柄，2裂，基部裂片近圆形，上部裂片宽斧形，先端2浅裂；唇瓣舟形。

🍒 **果实** 蒴果纺锤形，长10~20mm，熟时一触即裂。种子多数，球形，黑色。

应用

观赏花卉。嫩叶焯水后可加油盐凉拌食用。

药用

可入药，有祛风湿、活血、止痛之效，用于治风湿性关节痛、跌打损伤。种子称"急性子"，可破血消积、软坚散结。

白茅

● 科名 / 禾本科　● 属名 / 白茅属
● 别名 / 茅针、丝茅草、茅根、茅草、茅

Imperata cylindrica

	1月	2月	3月	4月	5月	6月	7月	8月	9月	10月	11月	12月
● 花　期												
● 果　期												

备注 花穗上密生白毛。

应用

根茎可以食用；处于花苞时期的花穗（称谷荻、茅针）可以鲜食；叶子可以编蓑衣。

药用

以根茎入药，有凉血、止血、清热利尿之效。

分布

辽宁、河北、山西、山东、陕西、新疆等北方地区。

生长环境

生长于低山带平原河岸草地、沙质草甸、荒漠。

▶ **形态特征**

多年生草本，高30~80cm。

 茎叶 地下茎粗壮发达。叶鞘聚集于秆基；叶舌膜质。叶片扁平，秆生叶片长1~3cm，窄线形，通常内卷，顶端渐尖呈刺状，下部渐窄，或具柄，质硬，被有白粉，基部上面具柔毛。

❀ 花朵 花序圆锥状，呈紧缩圆柱形，长20cm，小穗基部密生银丝状长柔毛。花柱细长，柱头2，紫黑色，羽状。

🍒 果实 颖果椭圆形，长约1mm。

芦苇

- 科名 / 禾本科　● 属名 / 芦苇属
- 别名 / 芦、苇、兼葭

Phragmites australis

	1月	2月	3月	4月	5月	6月	7月	8月	9月	10月	11月	12月
● 花 期								███	███	███		
● 果 期						███	███					

 分布 全国各地。

 生长环境 生长于江河湖沼、池塘沟渠岸边等低湿地或浅水中。

▶ 形态特征

多年生水生或湿生的高大禾草，高1~3m。

茎叶 叶鞘圆筒形，叶舌有毛；叶片广披针形，排列成两行，长30cm，宽2cm，无毛，顶端长渐尖。

花朵 圆锥状花序，顶生，疏散，长10~40cm，稍下垂，着生稠密下垂的小穗，小穗含4~7朵花。

果实 颖果长约1.5mm。

应用

造纸原料；嫩芽可食用，味道鲜美；芦苇茎内的薄膜可做笛子的笛膜使用。

药用

芦叶、芦花、芦茎、芦根均可入药，如根部清胃火、除肺热、解鱼蟹毒。

麻竹

- 科名 / 禾本科　● 属名 / 牡竹属
- 别名 / 甜竹、大头竹、大绿竹、吊丝甜竹

Dendrocalamus latiflorus

	1月	2月	3月	4月	5月	6月	7月	8月	9月	10月	11月	12月
● 花期												
● 笋期												

应用

笋味甜美，竿亦可供建筑和篾用。具观赏价值。

药用

以笋入药，有消渴、利尿、益气之效。

分布

福建、广东、广西、海南、四川、贵州、云南、香港和台湾。

生长环境

生长于山间谷地、山坡下部的缓坡地、河流水沟旁、水库以及村边宅旁。

▶ 形态特征

常绿乔木状竹类植物。

 茎叶 竿高20~25m，直径15~30cm，梢端长下垂或弧形弯曲；节间长45~60cm，幼时被白粉；壁厚1~3cm。末级小枝具7~13叶；叶片长椭圆状披针形，长15~35cm，宽2.5~7cm。

花朵 花枝大型，呈半轮生状态；小穗卵形，甚扁，成熟时为红紫或暗紫色。

果实 果实为囊果状，卵球形，果皮薄，淡褐色。

毛竹

● 科名 / 禾本科　● 属名 / 刚竹属
● 别名 / 南竹、猫头竹、茅竹

Phyllostachys heterocycla

	1月	2月	3月	4月	5月	6月	7月	8月	9月	10月	11月	12月
● 花期												
● 笋期						▬▬▬▬▬▬						

 分布　自秦岭、汉水流域至长江流域以南和中国台湾。

 生长环境　适合生长于背风向南的山谷、山麓、山腰地带。

▶ 形态特征

单轴散生型常绿乔木状竹类植物，高可达20多米。

🌿 茎叶　幼竿密被细柔毛及厚白粉，老竿无毛，并由绿色渐变为绿黄色。叶片较小较薄，披针形，长4~11cm，宽0.5~1.2cm。

❀ 花朵　花枝穗状，长5~7cm；佛焰苞通常在10片以上，每片孕性佛焰苞内具1~3枚假小穗。

🍒 果实　颖果长椭圆形，顶端有宿存的花柱基部。

应用

竿型粗大，供建筑用；篾性优良，供编织各种竹制品及工艺品；笋味道鲜美、营养丰富，以冬笋为最佳，春笋亦可口。

药用

以叶、根状茎、笋入药，可清热化痰、活血解毒、健脾益气。

野燕麦

- 科名 / 禾本科 ● 属名 / 燕麦属
- 别名 / 乌麦、燕麦草、铃铛麦

Avena fatua

备注 为害麦类等作物的杂草。

	1月	2月	3月	4月	5月	6月	7月	8月	9月	10月	11月	12月
● 花 期												
● 果 期												

分布 广布于我国南北各省。

生长环境 生长于荒芜田野或为田间杂草。

▶ 形态特征

一年生草本，须根较坚韧。

 茎叶 秆直立，光滑无毛，高60~120cm。叶鞘松弛；叶舌透明膜质，长1~5mm；叶片扁平，长10~30cm，宽4~12mm，微粗糙。

 花朵 圆锥状花序开展，金字塔形，长10~25cm；小穗长18~25mm，含2~3小花，柄弯曲下垂，顶端膨胀；小穗轴密生淡棕色或白色硬毛。

应用

种子为粮食的代用品及牛、马的青饲料，也是造纸原料。

药用

全草或果实入药，有补虚、敛汗、止血之效，用于自汗、盗汗、虚汗不止、吐血、血崩。

薏苡

● 科名 / 禾本科　● 属名 / 薏苡属
● 别名 / 菩提子、晚念珠

Coix lacryma-job

	1月	2月	3月	4月	5月	6月	7月	8月	9月	10月	11月	12月
● 花 期												
● 果 期												

 分布 我国南北各地，主产浙江、河北、湖北、福建。

 生长环境 多生长于湿润肥沃土壤中，如池塘、河沟或易受涝的农田等地方，野生或栽培。

▶ 形态特征

一年生草本，高1.0~1.5m。

茎叶 叶互生；叶片扁平，长10~40cm，宽1.5~3.0cm。

花朵 总状花序腋生成束，长4~10cm。雌小穗位于花序之下部；雄小穗着生长于总状花序上部。

果实 果实为颖果。种仁背面圆凸，腹面有一条宽而深的纵沟。

应用

薏苡种仁是传统的食品资源之一，可做成粥、饭、各种面食供食用。

药用

种仁入药，有健脾利湿、清热、抗癌、美容养颜之效。

假蒟

●科名 / 胡椒科　　●属名 / 胡椒属
●别名 / 蛤蒌

Piper sarmentosum

	1月	2月	3月	4月	5月	6月	7月	8月	9月	10月	11月	12月
● 花 期												
● 果 期												

 分布 福建、广东、广西、云南、贵州及西藏各省区。

 生长环境 生长于林下或村旁湿地上。

▶ 形态特征

多年生草本，匍匐生长。

🌿 茎叶 叶近膜质，下部叶片近圆形或阔卵形，顶端短尖，腹面无毛，背面被极细粉状短柔毛。

✿ 花朵 花单性，穗状花序与叶对生，总花梗与雄株的相同。

🍒 果实 浆果近球形，具4角棱，无毛，直径2.5~3.0mm，基部嵌生长于花序轴中并与其合生。

应用

嫩叶可食用。

药用

根治风湿骨痛、跌打损伤、风寒咳嗽、妊娠和产后水肿；果序治牙痛、胃痛、腹胀、食欲不振等。

绞股蓝

● 科名 / 葫芦科　● 属名 / 绞股蓝属
● 别名 / 公罗锅底、遍地生根、七叶胆、五叶参、七叶参

Gynostemma pentaphyllum

	1月	2月	3月	4月	5月	6月	7月	8月	9月	10月	11月	12月
● 花　期												
● 果　期												

 分布 陕西南部和长江以南各省区。

 生长环境 生长于山谷密林、山坡疏林、灌丛或路旁草丛中。

▶ 形态特征

草质攀缘植物。

茎叶 复叶，叶膜质或纸质，鸟足状，具3~9小叶，通常5~7小叶；小叶片卵状长圆形或披针形，中央小叶长3~12cm，宽1.5~4.0cm，侧生小叶较小。

花朵 花雌雄异株。雄花圆锥状花序，花冠白色或淡绿色，5深裂；雌花圆锥状花序，较雄花小。

果实 果实圆球形。种子卵状心形，灰褐色。

应用

叶可做沙拉或泡茶。

药用

全草入药，有消炎解毒、止咳祛痰之效。

扯根菜

● 科名 / 虎耳草科 ● 属名 / 扯根菜属
● 别名 / 干黄草、水杨柳、水泽兰

Penthorum chinense

	1月	2月	3月	4月	5月	6月	7月	8月	9月	10月	11月	12月
● 花 期							■	■	■	■		
● 果 期							■	■	■	■		

 分布 全国各地。

 生长环境 生长于海拔90~2200m的林下、灌丛草甸及水边。

▶ 形态特征

多年生草本，高40~90cm。

茎叶 叶互生，柄短近无柄，披针形至狭披针形，先端渐尖，边缘有细重锯齿，无毛。

花朵 聚伞状花序由多花组成，长1.5~4.0cm；苞片小，卵形或狭卵形；花小，黄白色；萼片5枚，三角形，革质，单脉；无花瓣。

果实 蒴果红紫色，直径4~5mm；种子长圆形。

应用

嫩苗可作蔬食。

药用

全草入药，利水除湿，祛瘀止痛，主治黄疸、水肿、跌打损伤等。

虎耳草

● 科名 / 虎耳草科　● 属名 / 虎耳草属
● 别名 / 石荷叶、金线吊芙蓉、老虎耳、耳朵草

Saxifraga stolonifera

	1月	2月	3月	4月	5月	6月	7月	8月	9月	10月	11月	12月
● 花期												
● 果期												

分布 江苏、河南、安徽、浙江、江西、湖南、湖北、四川、福建、贵州、广西、广东等地。

生长环境 生长于林下、灌丛、草甸、溪旁、岩隙、阴湿处。

▶ 形态特征

多年生草本，高8~45cm。

茎叶 茎匍匐，紫红色，落地后又生新株与不定根。叶基生，肉质，近心形、肾形至扁圆形，边缘波浪形或浅裂，叶正面绿色，常有白色脉纹。

花朵 花白色，多朵排成圆锥状花序。花瓣5，白色，下面2片较长，披针形，上面3片较小，卵形。

果实 蒴果卵形。

应用

嫩叶可作野菜、可作盆栽观赏。

药用

全草入药，有祛风、清热、凉血解毒之效。

冬葵

● 科名 / 锦葵科　● 属名 / 锦葵属
● 别名 / 葵菜、冬寒菜、薪菜

Malva crispa

	1月	2月	3月	4月	5月	6月	7月	8月	9月	10月	11月	12月
● 花期						████	████	████	████			
● 果期						████	████	████	████			

备注　叶圆，边缘折皱曲旋。

分布

湖南、江西、甘肃、四川、贵州、云南等省。

生长环境

喜冷凉湿润气候，不耐高温严寒，适种于疏松肥沃、排水良好处。

▶ 形态特征

一年生草本，高约1m。

茎叶 茎被柔毛，不分枝。叶圆形，5~7裂或角裂，裂片呈三角状圆形，边缘具细锯齿，有折皱。

花朵 花单生或几个簇生长于叶腋，白色，较小，直径约6mm；小苞片披针形；萼5裂，有柔毛；花瓣5枚。

果实 果扁球形；种子肾形，黑色，径约1mm。

应用

园林观赏。幼苗或嫩茎叶可供食用，营养丰富。

药用

全株可入药。种子可利水、滑肠、下乳；根清热解毒通淋；嫩苗或叶清热滑肠。

咖啡黄葵

● 科名 / 锦葵科 ● 属名 / 秋葵属
● 别名 / 黄秋葵、越南芝麻、秋葵、羊角豆、补肾菜、糊麻

Abelmoschus esculentus

备注 花大而艳丽，有很高的观赏价值。

	1月	2月	3月	4月	5月	6月	7月	8月	9月	10月	11月	12月
● 花期					■	■	■	■	■			
● 果期					■	■	■	■	■			

分布 广泛栽培于热带和亚热带地区，我国湖南、湖北、广东栽培较多。

生长环境 性喜温暖，宜种于光照充足、土壤肥沃处。

▶ 形态特征

一年生草本，高1~2m。

茎叶 茎圆柱形，有散刺。叶片阔大，直径10~30cm，呈掌状3~7裂，裂片边缘具粗齿及凹缺，两面疏被硬毛。

花朵 花单生长于叶腋间，花萼钟形，有绒毛。花黄色，内面基部呈紫色，直径5~7cm，花瓣倒卵形。

果实 蒴果尖塔形筒状，长10~20cm，被粗糙硬毛。种子球形，数量多。

应用

嫩果是著名食用蔬菜，有蔬菜之王的美誉；花可制作花茶；种子可榨油、制作咖啡添加剂等。

药用

全株入药，有清热解毒、润燥滑肠之效；种子可催乳。

木槿

● 科名 / 锦葵科　● 属名 / 木槿属
● 别名 / 朝开暮落花、木棉、荆条、喇叭花

Hibiscus syriacus

备注 木槿是韩国国花。

	1月	2月	3月	4月	5月	6月	7月	8月	9月	10月	11月	12月
● 花 期							▬	▬	▬	▬		
● 果 期								▬	▬	▬		

分布 原产东亚，现在世界各地有栽培。

生长环境 喜温凉、湿润、阳光充足的气候条件，我国各地普遍可栽种。

▶ 形态特征

落叶灌木，高3~4m。

茎叶 叶菱形至三角状卵形，具深浅不同的3裂或不裂，叶柄被柔毛。

花朵 钟形花单生长于枝端叶腋间，花瓣倒卵形，长3.5~4.5cm，淡紫色。

果实 蒴果卵圆形，种子肾形，成熟时黑褐色。

应用

园林观赏植物，花可食用、泡茶，茎皮富含纤维可作造纸原料。

药用

可以入药，煎汤、外敷治疗皮肤癣疮。

苘麻

● 科名 / 锦葵科　● 属名 / 苘麻属
● 别名 / 椿麻、塘麻、孔麻、青麻、白麻、桐麻、磨盘草、车轮草

Abutilon theophrasti

	1月	2月	3月	4月	5月	6月	7月	8月	9月	10月	11月	12月
● 花 期							▬	▬				
● 果 期										▬	▬	

 分布 除青藏高原，其他各省区均产，东北各地有栽培。

 生长环境 常见于路旁、荒地和田野间。

▶ 形态特征

一年生亚灌木状草本，植株可高达1~2m。

🌿 茎叶 叶互生，圆心形，先端长渐尖，基部心形，边缘有细圆锯齿，两面均密被星状柔毛。

✿ 花朵 花萼呈杯状，花单生，黄色，从叶腋生出，被柔毛，近顶端有节；花瓣倒卵形。

🌰 果实 蒴果半球形，被粗毛，顶端具长芒2；种子肾形，褐色，被星状柔毛。

应用

茎皮纤维可用于编织麻袋、搓绳索、编麻鞋等；种子含油量15％~16％，可供制皂、油漆和工业用润滑油。

药用

全草皆可入药，种子制药为润滑性利尿剂。

野葵

- 科名 / 锦葵科　●属名 / 锦葵属
- 别名 / 棋盘菜、巴巴叶、芪菜

Malva verticillata

	1月	2月	3月	4月	5月	6月	7月	8月	9月	10月	11月	12月
● 花 期			■	■	■	■	■	■	■	■		
● 果 期								■	■	■		

应用

幼苗滑嫩适于炒食、做汤或做馅，味美可口。

药用

全草或种子、茎及根可入药，种子利水滑窍、下乳汁、去死胎、拔毒排脓等。

分布

全国各省区，北自吉林、内蒙古，南达四川、云南。

生长环境

山坡、路旁及杂草地，均有野生。

▶ 形态特征

草本，茎直立，高40～100cm。

茎叶 叶互生，叶柄较长，叶圆状肾形，直径5~11cm，掌状5~7裂，裂片边缘具齿。

花朵 叶腋簇生小花，近无柄，萼杯状5裂，有毛，小苞片3，线状披针形。花瓣5枚，先端凹入，花白色有紫晕或浅红色。

果实 果扁圆形，径约5~7mm。种子肾形，无毛，暗褐色。

野西瓜苗

● 科名 / 锦葵科　● 属名 / 木槿属
● 别名 / 山西瓜秧、香铃草、灯笼花、小秋葵、黑芝麻

Hibiscus trionum

备注　叶掌状裂，再羽状深裂，外形极似西瓜叶。

	1月	2月	3月	4月	5月	6月	7月	8月	9月	10月	11月	12月
● 花　期							▇▇▇	▇▇▇	▇▇▇			
● 果　期							▇▇▇	▇▇▇				

分布　全国各地，中亚、欧洲也有分布。

生长环境　常见的田间杂草，平原、山野、丘陵或田埂都可生长。

▶ 形态特征

一年生草本，全体被有疏密不等的细软毛。

茎叶　茎柔软，被有白色粗毛。叶二型，下部的叶呈圆形，不分裂；上部的叶则呈掌状3~5深裂，中间裂片较长，两侧裂片较短，裂片边缘具羽状缺刻。

花朵　单花生长于叶腋；花萼钟形5裂，淡绿色；花直径2~3cm，淡黄色；花瓣5枚，倒卵形。

果实　蒴果长圆状球形，种子肾形，黑色。

应用

可作防风固沙植物。

药用

全草、种子入药，有清热解毒、利咽止咳之效，可缓解咽喉肿痛、咳嗽、疮毒、烧烫伤、关节炎等病症。夏秋采，去泥，晒干或鲜用。

朱槿

- ●科名 / 锦葵科　●属名 / 木槿属
- ●别名 / 佛桑、扶桑、赤槿、状元红、大红花

Hibiscus rosa-sinensis

	1月	2月	3月	4月	5月	6月	7月	8月	9月	10月	11月	12月
● 花期												
● 果期												

备注 朱槿的叶形很像桑叶，所以有扶桑之名。

应用

观赏植物。叶、花、根部均可做菜。

药用

根、叶、花均可入药，有清热利水、解毒消肿之效。

分布

原产中国南部，广东、云南、台湾、福建、广西、四川等地区多有种植。

生长环境

性喜温暖、湿润，适种于阳光充足、排水良好之处。

▶ 形态特征

常绿灌木，高1~3m。多分枝，嫩枝上被有柔毛。

茎叶 叶呈阔卵形或狭卵形，前端渐尖，基部圆形或楔形，叶缘有粗齿或缺刻，具3主脉。

花朵 花单生，多生长于上部叶腋间，常下垂。花梗长3~7cm，花冠漏斗形，直径6~10cm，花瓣倒卵形。雄蕊柱较长，伸出花冠外。花色有玫瑰红色、粉色、淡黄等。

果实 蒴果卵状球形，长约2.5cm，无毛。

垂盆草

- 科名 / 景天科　● 属名 / 景天属
- 别名 / 豆瓣菜、狗牙瓣、石头菜、佛甲草、火连草

Sedum sarmentosum

	1月	2月	3月	4月	5月	6月	7月	8月	9月	10月	11月	12月
● 花 期												
● 果 期												

分布

全国各地。

生长环境

生长于海拔1600m以下山坡阳处或石上。

▶ 形态特征

多年生草本。不育枝和花茎较细，节上生根，直到花序。

茎叶 3叶轮生，叶长圆形或倒披针形，基部骤窄，有距。

花朵 聚伞状花序，有3~5分枝，花少；萼片5，披针形或长圆形；花瓣5，黄色，披针形或长圆形，先端短尖；雄蕊10，较花瓣短，花柱长。

果实 种子卵圆形。

药用

全草药用，能清热解毒。

费菜

● 科名 / 景天科　　● 属名 / 景天属
● 别名 / 土三七、四季还阳、景天三七、养心草、回生草

Sedum aizoon

	1月	2月	3月	4月	5月	6月	7月	8月	9月	10月	11月	12月
● 花期						▬	▬					
● 果期								▬	▬			

分布　青海、山东、江苏、安徽、浙江、江西、湖北、四川等地。

生长环境　生长于山坡岩石上或草地。

▶ 形态特征

多年生肉质草本，高20~50cm。

茎叶　茎直立粗壮，圆柱形，无毛。叶互生，狭披针形、椭圆状披针形至卵状倒披针形，长3.5~8.0cm。

花朵　聚伞状花序顶生，花枝平展；萼片5，线形至披针形；花瓣5，黄色，长圆形至椭圆状披针形，长6~10mm；雄蕊10，2轮，均较花瓣短。

果实　蓇葖果，黄色或红棕色，呈星芒状排列。

半边莲

● 科名 / 桔梗科
● 属名 / 半边莲属

Lobelia chinensis

	1月	2月	3月	4月	5月	6月	7月	8月	9月	10月	11月	12月
● 花期					━	━	━	━	━	━		
● 果期					━	━	━	━	━	━		

分布 长江中、下游及以南各省区。

生长环境 生长于田埂、水田边、沟边及潮湿草地上。

▶ 形态特征

多年生草本，高6~15cm。

 **茎叶** 叶互生，无柄或近无柄，椭圆状披针形至条形，长0.8~2.5cm，先端急尖。

 花朵 花通常1朵，生分枝的上部叶腋；花冠粉红色或白色，长1.0~1.5cm，裂至基部，裂片全部呈一个平面，2侧裂片披针形，较长，中间3枚裂片椭圆状披针形，较短。

应用

可坐野菜食用，如煮汤等。

药用

全草可供药用，有清热解毒、利尿消肿的功效。

桔梗

- 科名 / 桔梗科 ● 属名 / 桔梗属
- 别名 / 包袱花、铃铛花、僧帽花

Platycodon grandiflorus

	1月	2月	3月	4月	5月	6月	7月	8月	9月	10月	11月	12月
● 花期												
● 果期												

备注 花暗蓝色或深紫白色，漏斗状钟形。

应用

可作观赏花卉。在东北地区常被腌制为咸菜。

药用

根药用，有止咳、祛痰、消炎之效，用于咳嗽痰多、胸闷不畅、咽痛音哑。

分布

东北、华北、华东、华中、华南及贵州、云南、陕西。

生长环境

生长于海拔2000m以下的阳处草丛、灌丛中。

▶ **形态特征**

多年生草本，高20~120cm。

茎叶 叶片卵形，卵状椭圆形至披针形，长2~7cm，上面无毛而绿色，下面常无毛而有白粉，边缘具细锯齿。

花朵 花单朵顶生，或数朵集成假总状花序；花萼筒部半圆球状或圆球状倒锥形，被白粉，裂片三角形；花冠大，漏斗状钟形，长1.5~4.0cm，蓝或紫色。

果实 蒴果球状，或球状倒圆锥形，长1.0~2.5cm；种子多数，熟后黑色。

山梗菜

- 科名 / 桔梗科　• 属名 / 半边莲属
- 别名 / 水苋菜、苦菜、节节花、大种半边莲、水白菜

Lobelia sessilifolia

	1月	2月	3月	4月	5月	6月	7月	8月	9月	10月	11月	12月
● 花期							■	■	■			
● 果期							■	■	■			

分布 我国东北及河北、山东、浙江、台湾、广西、云南等地。

生长环境 生长于平原或山坡湿草地。

▶ 形态特征

多年生草本，高60~120cm。

茎叶 叶螺旋状排列，无柄，厚纸质；叶片宽披针形至条状披针形，长2.5~5.5cm，边缘有细锯齿。

花朵 总状花序顶生，长8~35cm；花萼筒杯状钟形，长约4mm，裂片三角状披针形；花冠蓝紫色，长2.5~3.0cm，近二唇形。

果实 蒴果倒卵状，长8~10mm。种子近半圆状，棕红色。

应用

嫩茎叶可炒食或凉拌，不宜多食。观赏植物。

药用

根、叶或全草入药，有宣肺化痰、清热解毒、利尿消肿之效。

艾

- 科名 / 菊科　● 属名 / 蒿属
- 别名 / 艾蒿、白蒿 、香艾、艾草、艾叶、白艾、家艾、五月艾

Artemisia argyi

备注 全株有白色茸毛，叶片背面尤甚。

	1 月	2 月	3 月	4 月	5 月	6 月	7 月	8 月	9 月	10 月	11 月	12 月
● 花期							▬	▬	▬	▬		
● 果期							▬	▬	▬			

 分布 除极干旱与高寒地区外，分布于全国大部分地区。

 生长环境 生长于山坡、荒地、林地、路旁及河边等地。

▶ 形态特征

多年生草本，高50~120cm，有浓烈香气。

🌿 茎叶 茎单生或少数。叶厚纸质，互生，背面密被灰白色茸毛；下部叶宽卵形，羽状深裂，每侧具裂片2~3枚；上部叶卵状三角形或椭圆形。

🌸 花朵 头状花序直径2.5~3.0mm；总苞片覆瓦状排列，4~5。花多数，带红紫色，其中，外层雌花6~10朵，花冠狭管状；内层两性花8~12朵。

应用

可食用，嫩叶和芽作蔬菜食用，做糍粑、艾米果等。天然植物染料。

药用

全草入药，有抗菌抗过敏、温经安胎、去湿散寒、消炎止血、平喘止咳等作用。

刺儿菜

●科名 / 菊科　　●属名 / 蓟属
●别名 / 小蓟、蓟蓟草、刺狗牙、刺蓟、野红花

Cirsium setosum

备注　叶缘有细密的针刺或刺齿。

	1月	2月	3月	4月	5月	6月	7月	8月	9月	10月	11月	12月
● 花 期					▬	▬	▬	▬	▬			
● 果 期					▬	▬	▬	▬	▬			

 分布　除广东、广西、云南、西藏外的全国各地。

 生长环境　生长于山坡、河旁或荒地、田间。

▶ 形态特征

多年生草本，高30~80cm。

🌱 茎叶　叶椭圆形或椭圆状披针形，长7~15cm，宽1.5~10.0cm；叶缘有细密的针刺。

✿ 花朵　头状花序单生长于茎端或排成伞房状；总苞片6层，覆瓦状排列，长椭圆状披针形；小花紫红色或白色。

果实　瘦果淡黄色，椭圆形，冠毛羽状，污白色。

应用

幼嫩时可作野菜，适合炒食、做汤。

药用

全草入药，有凉血止血、祛瘀消肿之效。

东风菜

● 科名 / 菊科　● 属名 / 紫菀属
● 别名 / 山蛤芦、钻山狗、白云草、疙瘩药、草三七

Doellingeria scaber

	1月	2月	3月	4月	5月	6月	7月	8月	9月	10月	11月	12月
● 花期						■	■	■	■	■		
● 果期								■	■	■		

分布 我国东北部、北部、中部、东部至南部各省广泛分布。

生长环境 生长于山谷坡地、草地和灌丛中，极常见。

▶ 形态特征

多年生草本，高达1.5m。

 茎叶 中部叶卵状三角形，基部圆，有具翅短柄；上部叶长圆状披针形或线形，叶两面被微糙毛。

 花朵 头状花序，圆锥伞房状排列；总苞半球形。瘦果倒卵圆形或椭圆形，无毛；冠毛污黄白色，有多数稍不等长而与管状花花冠近等长的微糙毛，基部叶在花期枯萎。

应用

作药膳。

药用

广泛应用于治疗蛇毒，效果良好。

076

红凤菜

Gynura bicolor

	1月	2月	3月	4月	5月	6月	7月	8月	9月	10月	11月	12月
● 花 期												
● 果 期												

分布

福建、台湾、浙江、江西、广西、江苏、湖南、湖北。

生长环境

生长于山坡林下、岩石上或河边湿润处。

▶ **形态特征**

多年生草本，茎直立，高50~100cm，全株无毛。

 茎叶 茎直立，柔软，基部稍木质，上部有伞房状分枝。叶片倒卵形或倒披针形，少数长圆状披针形，长5~10cm，宽2.5~4.0cm，顶端尖或渐尖，边缘有不规则的波状齿或小尖齿。

花朵 头状花序，在茎、枝端排列成疏伞房状。小花橙黄色至红色，花冠明显伸出总苞。

果实 瘦果圆柱形，淡褐色，长约4mm；冠毛丰富，白色，绢毛状。

应用

主要以嫩梢和幼叶作蔬菜食用，营养丰富。

药用

有凉血、去虚火之效。

黄鹌菜

- 科名 / 菊科　● 属名 / 黄鹌菜属
- 别名 / 野芥菜、黄花枝香草

Youngia japonica

	1月	2月	3月	4月	5月	6月	7月	8月	9月	10月	11月	12月
● 花 期												
● 果 期												

备注 黄鹌菜和蒲公英类似，种子上也有白色柔软的绒毛。

应用

幼嫩植株可炒食、煮食、腌制。

药用

可入药，有抗菌消炎、清热解毒之效，常用于缓解感冒、咽痛等症状。

分布

华东、中南、西南及河北、台湾、陕西等地。

生长环境

生长于路旁、水边、山坡、林间草地、田间与荒地上。

▶ **形态特征**

一年生草本，高15~80cm，有乳汁。

茎叶 根垂直直伸；茎直立，由基部抽出一至数枝。基生叶丛生，倒被针形，琴状或羽状半裂；茎生叶互生，少数，叶形同基生叶，较小。

花朵 头状花序具长梗，排列成聚伞状圆锥花丛。舌状小花黄色，花冠先端具5齿。

果实 瘦果纺锤形，压扁，褐色或红褐色，长约2mm，稍扁平。

苦荬菜

● 科名 / 菊科　　● 属名 / 苦荬菜属
● 别名 / 多头莴苣、多头苦荬菜

Ixeris polycephala Cass.

	1月	2月	3月	4月	5月	6月	7月	8月	9月	10月	11月	12月
● 花 期												
● 果 期												

分布

华东、华中、华南及西南地区。

生长环境

生长于山坡林缘、灌丛草地、田间路旁。

▶ 形态特征

一年生草本。

 茎叶 茎直立，高15~50cm，自基部分枝。叶片线状披针形，长7~12cm，顶端急尖，全缘，两面无毛，基部多呈箭头状半抱茎。

❀ 花朵 头状花序密集，成伞房状或近伞形，位于茎枝顶端，花序梗细，总苞钟形，长5~8mm，果期扩大呈坛状；舌状花黄色，舌片长约0.5cm。

果实 瘦果褐色，长椭圆形，长约0.3cm，具10条纵棱。

应用

植株幼嫩时可食用。

药用

全草入药，有清热解毒、止血、去腐化脓之效。

款冬

●科名 / 菊科 ●属名 / 款冬属
●别名 / 款冬花、冬花、虎须、九尽草

Tussilago farfara L.

	1月	2月	3月	4月	5月	6月	7月	8月	9月	10月	11月	12月
● 花 期												
● 果 期												

 分布 东北、华北、华东、西北和湖北、湖南、江西、贵州、云南、西藏。

 生长环境 款冬性喜凉爽湿润。常生长于山谷湿地或林下。

▶ 形态特征

多年生草本。

茎叶 根状茎横向生长，褐色。

花朵 头状花序初时直立，花后下垂；总苞钟状，线形，顶端钝，常带紫色；边缘多层雌花，花冠舌状，黄色；中央有少数两性花，花冠呈管状。

果实 瘦果圆柱形。后生出阔心形基生叶，具长叶柄，边缘有波状、顶端增厚的疏齿。

 应用

为蜜源植物。各地药圃广泛栽培。

药用

花蕾及叶入药，性辛、甘、温，有止咳、润肺、化痰之功效。

柳叶蒿

●科名 / 菊科　●属名 / 蒿属
●别名 / 柳蒿芽、柳蒿、九牛草

Artemisia integrifolia Linn.

	1月	2月	3月	4月	5月	6月	7月	8月	9月	10月	11月	12月
● 花 期								━━	━━	━━		
● 果 期								━━	━━	━━		

分布

黑龙江、吉林、辽宁、内蒙古及河北。

生长环境

中低海拔的湿润或半湿润地区的林缘、草甸、河边、灌丛和沼泽地的边缘。

▶ 形态特征

多年生草本，高60~120cm。

🌿 **茎叶** 茎通常单生，紫褐色，具纵棱，中上部有斜向上的分枝。叶无柄，披针形或长椭圆形，全缘或叶缘具稀疏锯齿，正面呈绿色，背面密被灰白色绒毛。

🌼 **花朵** 头状花序多数，直径3~4mm，长圆形，在各分枝上排成密集的穗状总状花序，并在茎上半部组成圆锥状花序。花冠管状，黄色。

🍂 **果实** 瘦果倒卵形或长圆形。

应用

嫩茎叶可食用，适合清炒、凉拌、做汤。

药用

可入药，清热解毒，用于肺炎、扁桃体炎、痈疽疮肿。

蒌蒿

- 科名 / 菊科　　● 属名 / 蒿属
- 别名 / 藜蒿、水蒿、水艾、芦蒿、狭蒿

Artemisia selengensis

备注　叶片形似艾草，故有别名"水艾"。

	1月	2月	3月	4月	5月	6月	7月	8月	9月	10月	11月	12月
● 花　期							██	██	██	██		
● 果　期							██	██	██	██		

分布　我国东北、华北、华东、华中、西南等地。

生长环境　生长于低海拔地区的河湖岸边与沼泽地带，也见于湿润的林下、村野、路边等处。

▶ 形态特征

多年生芳香草本。植株高可达1m。

 茎叶　叶纸质或薄纸质，互生，正面绿色，无毛或近无毛，背面密被灰白色蛛丝状绵毛，多呈羽状深裂，裂片边缘有粗钝齿。

 花朵　小头状花序多数，近无梗，排列成密穗状花序；总苞片3~4层；花冠管筒状，淡黄色。

果实　瘦果卵形，略扁。

应用

古老的食用蔬菜，多食用嫩茎，可凉拌、炒食。

药用

全草入药，有平抑肝火、补中益气之效，可治胃气虚弱、风寒湿脾。

马兰

● 科名 / 菊科　● 属名 / 马兰属
● 别名 / 马兰头、马郎头、红梗菜、鸡儿菜、田边菊

Artemisia selengensis Turcz. ex Bess.

备注　花舌浅紫色。

	1月	2月	3月	4月	5月	6月	7月	8月	9月	10月	11月	12月
● 花 期												
● 果 期												

 分布　我国长江流域分布较广。

 生长环境　喜凉爽湿润，生长于路边、田野、山坡、菜园。

▶ 形态特征

多年生草本，有红梗和青梗两种。

茎叶　茎直立，高30~70cm。叶互生，薄质，倒披针形或倒卵状长圆形，长3~6cm，叶缘从中部以上有齿或羽状裂片；上部叶小，全缘。

花朵　头状花序单生枝端，排列成疏伞房状。舌状花1层，15~20个，舌片浅紫色；管状花长3.5mm。

果实　瘦果倒卵状矩圆形，极扁，褐色。

应用

嫩叶可作蔬菜食用。

药用

全草药用，有清热解毒、利湿消肿、散瘀止血之效。

泥胡菜

- ●科名 / 菊科　●属名 / 泥胡菜属
- ●别名 / 猪兜菜、艾草

Hemistepta lyrata

	1月	2月	3月	4月	5月	6月	7月	8月	9月	10月	11月	12月
● 花 期			■	■	■	■	■	■				
● 果 期			■	■	■	■	■	■				

分布

除新疆、西藏外，遍布全国各地。

生长环境

生长于海拔50~3280m的山坡、山谷、平原、丘陵、林缘、林下、草地、荒地、田间、河边、路旁等处。

▶ **形态特征**

一年生草本。

茎叶 叶倒卵形、长椭圆形、倒披针形或披针形。

花朵 头状花序在茎枝顶端排成伞房花序，稀头状花序单生茎顶；小花两性，管状，花冠红色或紫色；花药基部附属物为尾状，少数撕裂，花丝分离，无毛；花柱分枝长0.4mm，顶端平截。

果实 瘦果楔形或扁斜楔形，外层刚毛羽毛状，内层刚毛鳞片状，着生一侧，宿存。

应用

春天嫩苗可作蔬食。

药用

全草可入药，具有清热解毒、消肿散结的功效。

牛蒡

● 科名 / 菊科　● 属名 / 牛蒡属
● 别名 / 恶实、大力子、鼠粘草、蒡翁菜、便牵牛

Arctium lappa

备注 茎常带紫红或淡紫红色。

	1月	2月	3月	4月	5月	6月	7月	8月	9月	10月	11月	12月
● 花期						▬	▬	▬	▬			
● 果期						▬	▬	▬	▬			

分布 我国各地普遍分布，主产东北、浙江等地。

生长环境 生长于山坡向阳草地、林缘、河沟边、山路旁。

▶ 形态特征

二年生草本，具粗壮肉质根，高达2m。

 茎叶 基生叶丛生，宽卵形，大形。茎生叶互生；叶片广卵形或长卵形，长20~50cm，宽15~40cm，叶端钝，有刺尖，全缘或有不整齐波状微齿。

花朵 簇生长于茎顶或排列成伞房状，花序梗粗壮。花两性，小，紫红色，均为管状花，花药黄色。

 果实 瘦果灰褐色，长圆形，具纵棱。

应用

可炒食、煮食、生食或加工成饮料。

药用

果实入药，可疏散风热、散结解毒、增强免疫力；根入药，有清热解毒、疏风利咽之效。

蒲公英

● 科名 / 菊科　　● 属名 / 蒲公英属
● 别名 / 黄花地丁、婆婆丁、姑姑英

Taraxacum mongolicum

备注 果期，种子上的白色冠毛形成"绒球"。

	1月	2月	3月	4月	5月	6月	7月	8月	9月	10月	11月	12月
● 花期												
● 果期												

分布 广泛分布于我国温带至亚热带地区。

生长环境 生长于中、低海拔地区的山坡草地、田野路边。

▶ 形态特征

多年生草本。根圆柱形，粗壮，黑褐色。

🌿 茎叶 叶倒卵状披针形，呈莲座状平铺，叶长4~20cm，边缘有时具波状齿或羽状浅裂。

✿ 花朵 头状花序顶生，直径约30~40mm；总苞钟状，长12~14mm，淡绿色；舌状花黄色，舌片长约8mm，宽约1.5mm。

🍒 果实 瘦果倒卵状披针形，暗褐色。

应用
可食用，味道鲜美，营养丰富。

药用
全草入药，有清热解毒、消肿散结、利尿通淋之效。

秋英

- 科名 / 菊科　　● 属名 / 秋英属
- 别名 / 大波斯菊、波斯菊

Cosmos bipinnata

备注　叶片二回羽状深裂。

	1 月	2 月	3 月	4 月	5 月	6 月	7 月	8 月	9 月	10 月	11 月	12 月
● 花 期						■	■	■				
● 果 期									■	■		

 分布　在我国各地有分布，云南、四川西部大面积归化。

 生长环境　喜光植物，常自生在路旁、田埂、溪水边。

▶ 形态特征

一年或多年生草本，高1~2m。根纺锤状，多须根。

茎叶　茎光滑或稍被柔毛，直立。单叶对生，长约10cm，二回羽状深裂，裂片狭窄线形。

花朵　头状花序单生，花梗细长，顶生或腋生。总苞片2层，外层近革质，淡绿色，内层边缘膜质。舌状花1轮，紫红色、粉红色或白色；舌片椭圆状倒卵形，尖端呈齿状；管状花黄色，占据花盘中央。

果实　瘦果黑紫色，上端具长喙，有2~3尖刺。

应用

观赏植物，富有野趣。

药用

可入药，有清热解毒、明目消肿之效。

山莴苣

- 科名 / 菊科　　● 属名 / 山莴苣属
- 别名 / 北山莴苣、山苦菜

Lagedium sibiricum

	1月	2月	3月	4月	5月	6月	7月	8月	9月	10月	11月	12月
● 花 期							▬	▬	▬			
● 果 期							▬	▬	▬			

 分布 我国西部和东北地区。

 生长环境 生长于林缘、林下、草甸、河岸、湖地水湿地。

▶ 形态特征

多年生草本。

茎叶 中下部茎生叶呈长披针形或长椭圆状披针形，全缘；上部叶较小，与中下部茎生叶同形。

花朵 头状花序，约20小花，在茎枝顶端排成伞房花序或伞房圆锥状花序；总苞片3~4层，常呈淡紫红色，舌状小花呈蓝或蓝紫色，先端5齿裂。

果实 瘦果椭圆形，褐色或橄榄色，边缘有厚翅。

应用

可食用，常作蔬食。

药用

全草可入药，有清热解毒、活血祛瘀、健胃之功效。

鼠麴草

- 科名 / 菊科　●属名 / 鼠麴草属
- 别名 / 鼠曲草、佛耳草、鼠耳草、清明菜

Gnaphalium affine

备注　密生灰白色绵毛。

	1月	2月	3月	4月	5月	6月	7月	8月	9月	10月	11月	12月
● 花期												
● 果期												

 分布　我国台湾、华东、华南、华中、华北、西北及西南各省区。

 生长环境　适生长于湿润的丘陵、山坡野地、河湖水边、田间路旁等处。

▶ 形态特征

一年生草本，高10~40cm。

茎叶　茎直立，密生白色绵毛。叶互生，无柄，匙状倒披针形或倒卵状匙形，长5~7cm。

花朵　头状花序直径2~3mm，在枝端密集构成伞房花序，外围雌花，中央两性花，花黄色至淡黄色，花冠管状。

果实　瘦果倒卵形或倒卵状圆柱形。

应用

幼嫩植株可食用，常用来制作清明果等传统点心。

药用

茎叶入药，有治脾胃虚弱、消化不良和肺虚咳嗽之效。

小蓬草

● 科名 / 菊科　● 属名 / 白酒草属
● 别名 / 加拿大蓬、飞蓬、小白酒草、小飞蓬

Conyza canadensis

	1月	2月	3月	4月	5月	6月	7月	8月	9月	10月	11月	12月
● 花期					▬	▬	▬	▬	▬			
● 果期					▬	▬	▬	▬	▬	▬		

备注　花序头状，小

应用

嫩茎、叶可作猪饲料。

药用

全草入药，有止血、抗炎、抗菌之效，可治水肿、肝炎、痢疾、腹泻、创伤等症状。

分布

我国南北各省区均有分布。

生长环境

常生长于旷野荒地、牧场草地、田边路旁及河滩。

▶ **形态特征**

一年生草本，茎直立，高50~100cm，根部纺锤状。

茎叶 单叶互生，叶密集，长7~10cm，宽1.0~1.5cm，基部叶近匙形，先端尖，全缘或具微锯齿；基部叶花期常枯萎。

花朵 头状花序直径3~4mm，排列成顶生多分枝的大圆锥状花序；总苞片2~3层，淡绿色，条状披针形。线形舌状花，白色，舌片小，顶端具2个钝小齿；两性花淡黄色，花冠管状。

果实 瘦果线状披针形，有1层污白色冠毛。

旋覆花

● 科名 / 菊科　● 属名 / 旋覆花属
● 别名 / 金佛花、金佛草、六月菊

Inula japonica

	1月	2月	3月	4月	5月	6月	7月	8月	9月	10月	11月	12月
● 花期												
● 果期												

分布

我国东北、华北、华中、华东以及广东、广西。

生长环境

生长于山坡路旁、湿润草地、河岸和田埂上。

▶ 形态特征

多年生草本，高30~80cm。

 茎叶 根状茎短，横走或斜升，有须根。茎单生或簇生，绿色或紫色，有毛。基部叶常较小，在花期枯萎；中部叶长圆形或长圆状披针形，长4~13cm，无柄，全缘或有疏齿。

花朵 头状花序径3~4cm，排列成疏散的伞房花序；花序梗细长；总苞片约6层，线状披针形；外层舌状花黄色，舌片线型；中央管状花。

果实 瘦果圆柱形，有10条纵沟。

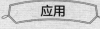

备注 舌状花黄蕊，非常耀眼。

应用

嫩植株可食用，生熟皆可。

药用

供药用，花健胃、祛痰、治呕吐；根及叶治刀伤、疔毒，平喘镇咳。

野菊

● 科名 / 菊科　● 属名 / 菊属
● 别名 / 菊花脑、路边黄、山菊花、土菊花

Dendranthema indicum

	1月	2月	3月	4月	5月	6月	7月	8月	9月	10月	11月	12月
● 花期												
● 果期												

分布

东北、华北、华中、华南及西南各地。

生长环境

山坡草地、灌丛湿地、田边路旁等处。

▶ **形态特征**

多年生草本,高0.25~1.00m。

茎叶 中部茎生叶椭圆状卵形,长3~7cm,羽状半裂、浅裂,边缘有浅锯齿。叶片两面同为淡绿色。

花朵 头状花序直径1.5~2.5cm,多在茎枝顶端排成疏松的伞房圆锥状花序。总苞片约5层,苞片边缘白色或褐色,顶端钝圆。舌状花黄色,舌片长10~13mm。

果实 瘦果长1.5~1.8mm,种子细小,灰褐色。

应用

嫩苗可作蔬菜食用,凉爽清口。

野茼蒿

● 科名 / 菊科　● 属名 / 野茼蒿属
● 别名 / 草命菜、昭和草

Crassocephalum crepidioides

备注 借白色冠毛种子可随风飘散。

	1月	2月	3月	4月	5月	6月	7月	8月	9月	10月	11月	12月
● 花期							■	■	■	■	■	■
● 果期							■	■	■	■	■	■

 分布 江西、湖南、湖北、广东、福建、贵州、云南、广西等地。

 生长环境 常见于山坡路旁、水边和农田边、林下荒地等处。

▶ 形态特征

直立草本，高20~120cm。

茎叶 叶膜质，单叶互生，无毛，椭圆形或长圆状椭圆形，边缘有重锯齿或有时基部羽状分裂。

花朵 头状花序数个在茎端排成伞房状，直径约3cm；总苞片线状披针形。小花全部管状，两性，花冠红褐色或橙红色，冠顶端5齿裂。

果实 瘦果狭圆柱形，赤红色。

应用

昭和草，幼苗或嫩茎叶供生炒、凉拌、做汤食用，具特殊香味。

药用

全草入药，有健脾、消肿之功效，治消化不良等症。

一点红

● 科名 / 菊科　● 属名 / 一点红属
● 别名 / 红背叶、羊蹄草、花古帽、红头草、片红青、紫背叶

Emilia sonchifolia

	1月	2月	3月	4月	5月	6月	7月	8月	9月	10月	11月	12月
● 花期							▬	▬	▬	▬		
● 果期							▬	▬	▬	▬		

分布

云南、贵州、四川、湖北、湖南、江苏、浙江、安徽、广东、海南、福建、台湾等省。

生长环境

喜温暖阴凉潮湿环境，常生长于海拔800~2100m的山坡荒地、田埂、路旁。

▶ 形态特征

一年生草本，高40cm。

茎叶 下部叶密集，羽状分裂，长5~10cm，常变紫色；中部叶稀疏，较小，卵状披针形或长圆状披针形；上部叶数量较少，线形。

花朵 头状花序，开花前下垂，开花后直立，常2~5排成疏伞房状；总苞圆柱形，总苞片8~9，黄绿色，线形或长圆状线形，约与小花等长。小花粉红或紫色。

果实 瘦果圆柱形，肋间被微毛；冠毛多，细软。

应用

可炒食、做汤，或作火锅底料。

药用

全草可药用，能消炎、止痢，主治腮腺炎、乳腺炎、小儿疳积、皮肤湿疹等症。

一年蓬

- 科名 / 菊科　● 属名 / 飞蓬属
- 别名 / 白旋覆花、千层塔、治疟草、野蒿

Erigeron annuus

	1月	2月	3月	4月	5月	6月	7月	8月	9月	10月	11月	12月
● 花 期						██	██	██	██	██		
● 果 期								██	██	██		

备注 花盘外围舌状雌花白色。

分布

在我国除新疆、内蒙古、宁夏、海南以外的省区广泛分布。

生长环境

常见野草，生长于山坡荒地、旷野、路边。

▶ 形态特征

一年生或二年生草本。

茎叶 茎粗壮直立，高30~100cm，绿色，上部有分枝。基部叶花期枯萎，宽卵形，边缘具粗齿；中部和上部叶较小，长圆状披针形或披针形，长1~9cm，宽0.5~2.0cm，顶端尖。

花朵 头状花序数个或多数，排列成疏圆锥状花序。外围的雌花舌状，2层，舌片平展，白色，稀呈淡蓝色；中央的两性花管状，黄色，管部长约0.5mm。

果实 瘦果披针形，扁，长约1.2mm。

应用

可作观赏，需谨慎控制。

药用

全草可入药，消食、止泻、解毒，用于消化不良、胃肠炎、疟疾、毒蛇咬伤。

紫菀

● 科名 / 菊科　　● 属名 / 紫菀属
● 别名 / 青牛舌头花、青菀、还魂草、山白菜

Aster tataricus

	1月	2月	3月	4月	5月	6月	7月	8月	9月	10月	11月	12月
● 花 期							▬	▬	▬			
● 果 期								▬	▬	▬		

 分布 黑龙江、吉林、辽宁、内蒙古、山东、河北、河南西部、陕西及甘肃南部。

生长环境 生长于低山阴坡湿地、山顶草地及沼泽地。

▶ 形态特征

多年生草本，高40~150cm。

🌿 **茎叶** 叶疏生，厚纸质，上面被糙毛，下面疏被粗毛。基生叶长圆形或椭圆状匙形；中部叶长圆形或长圆状披针形，无柄，全缘或有浅齿；上部叶窄小。

❀ **花朵** 头状花序径2.5~4.5cm，径1~2.5cm，总苞片3层，覆瓦状排列。舌状花约20，舌片蓝紫色。

🍂 **果实** 瘦果倒卵状长圆形，紫褐色；冠毛1层，污白或带红色。

应用

嫩叶可食用，味道苦。

药用

根药用，有止咳化痰、润肺下气之效，主治慢性气管炎。

钻叶紫菀

- 科名 / 菊科
- 属名 / 紫菀属

Aster subulatus

	1月	2月	3月	4月	5月	6月	7月	8月	9月	10月	11月	12月
● 花 期									▬	▬		
● 果 期										▬		

备注 田间轻微危害植物。

药用

可入药，有清热解毒的功效。

分布

现已经广布全国各地。

生长环境

喜生长于潮湿含盐的土壤上，常见于沟边、河岸、海岸、路边及低洼地。

▶ **形态特征**

一年生草本，植株高25~100cm。

🌿 茎叶 基生叶为倒披针形，会在花后凋落；茎中部叶为线状披针形，先端呈尖状或钝状，全缘。

✿ 花朵 头状花序组合形成圆锥状，花小；总苞钟状，总苞片有3~4层，外层较短，内层较长，线状钻形，无毛；花舌状且细狭，呈淡红色，与冠毛等长或稍长。

🍒 果实 瘦果椭圆形或长圆形，长1.5~2.5mm，有5纵棱，冠毛淡褐色。

蕨

● 科名 / 蕨科　● 属名 / 蕨属
● 别名 / 蕨菜、拳头菜、猫爪、龙头菜、蕨儿菜

Pteridium aquilinum

	1月	2月	3月	4月	5月	6月	7月	8月	9月	10月	11月	12月
● 花　期												
● 孢子期												

分布 我国各地广泛分布，主要产于长江流域及以北地区。

生长环境 生长于山地阳坡、林下草地及森林边缘阳光充足的地方。

▶ 形态特征

多年生草本，株高达1m。

茎叶 叶远生；柄长20~60cm，粗壮，淡褐色。叶片近革质，阔三角形或长圆三角形，长30~60cm，三回羽状；羽片4~6对，对生或近对生，斜展，三角形，长15~25cm，基部一对最大；小羽片约10对，互生，斜展，披针形，长6~10cm。早春新生叶拳卷，叶柄有细茸毛。孢子囊群盖条形，褐色。

应用

根状茎提取的淀粉称蕨粉；未展开的幼嫩叶芽可食，清香滑润，但蕨菜不宜多吃，有一定致癌性。

药用

全株均可入药，有清热利湿、降气化痰之效，治疗痢疾、脱肛、感冒发热。

地肤

● 科名 / 藜科　● 属名 / 地肤属
● 别名 / 扫帚苗、扫帚菜、孔雀松、落帚

Kochia scoparia

	1月	2月	3月	4月	5月	6月	7月	8月	9月	10月	11月	12月
● 花 期						▬	▬	▬	▬			
● 果 期							▬	▬	▬	▬		

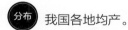 我国各地均产。

 生长于荒野、空地、田边、路旁等处，栽培于庭园。

▶ 形态特征

一年生草本，高50~100cm。

🌿 茎叶 茎圆柱状，淡绿色或带紫红色。叶全缘，狭披针形或线状披针形，长2~5cm，宽3~7mm。

❀ 花朵 花两性或雌性，通常1~3个生长于上部叶腋，集成稀疏的穗状花序；花小，黄绿色，花被片5，花被近球形。

🌰 果实 胞果扁球形，果皮膜质，与种子离生。种子卵形，黑褐色。

应用

幼苗及嫩茎叶可炒食或做馅，老株可用来做扫帚。

药用

果实（称"地肤子"）和全草入药，有清湿热、利尿、明目之效，治尿痛尿急、目赤涩痛等症状。

灰绿藜

- 科名 / 藜科　● 属名 / 藜属
- 别名 / 盐灰菜

henopodium glaucum

	1月	2月	3月	4月	5月	6月	7月	8月	9月	10月	11月	12月
● 花 期					▬	▬	▬	▬	▬	▬		
● 果 期					▬	▬	▬	▬	▬	▬		

备注　叶片厚，背面有白色粉粒。

应用

嫩苗、嫩茎叶用沸水焯后换清水浸泡，炒食、凉拌、做汤。

药用

全草入药，有清热祛湿、解毒消肿之效。

分布

除台湾、福建、江西、广东、广西、贵州、云南诸省区外，其他各地都有分布。

生长环境

生长于农田菜园、水边沟旁、平原荒地等有轻度盐碱的土壤上。

▶ 形态特征

一年生草本，高20~40cm。

茎叶 叶互生，叶片厚，带肉质，椭圆状卵形至卵状披针形，长2~4cm，边缘有波状齿，基部渐狭，表面绿色无粉，背面灰白色、密被粉粒。

花朵 常数花聚成团伞状花序再排列穗状或圆锥状花序；花被裂片3~4，浅绿色，长不及1mm。

果实 胞果果皮薄，黄白色；种子扁圆，暗褐色。

台湾藜

- 科名 / 藜科　• 属名 / 藜属
- 别名 / 红藜、台湾红藜

Chenopodium formosanum

备注 全株色彩鲜艳。

	1月	2月	3月	4月	5月	6月	7月	8月	9月	10月	11月	12月
● 花 期				███	███	███	███	███	███			
● 果 期				███	███	███	███	███	███			

分布 中国台湾地区特有物种，多分布于台湾南部。

生长环境 生长于热带、亚热带地区的中低海拔山区，有栽培。

▶ 形态特征

一年生草本，全株色彩丰富，高150~200cm。

茎叶 茎直立，健壮，多分枝。叶卵形至三角菱形，长6~12cm，宽3～6cm，叶缘具粗锯齿或不整齐的浅波状锯齿，基部截形至钝形，叶柄长3~5cm。

花朵 圆锥状花序8~25cm，顶生或腋生，下垂；花果穗艳丽，具有黄、橙、红、紫等色彩；花小而多，花被片5，长约1mm。

应用

花穗和种子多与稻米、糯米或芋头共煮，成为粽子、竹筒饭；或供作酿造小米酒；嫩叶也可食用。

药用

可入药，有祛湿解毒、清热、抗氧化、降低血脂、抑菌、抗癌等作用。

榆钱菠菜

●科名 / 藜科　●属名 / 滨藜属
●别名 / 洋菠菜

Atriplex hortensis L.

	1月	2月	3月	4月	5月	6月	7月	8月	9月	10月	11月	12月
● 花 期								▬▬	▬▬			
● 果 期								▬▬	▬▬			

 分布

我国北方各省多见栽培。

生长环境

长于海拔2250m处。

▶ 形态特征

一年生草本，植株高2m。

茎叶 茎直立，枝斜伸，钝为四棱形，上有绿色色条。叶片通常为卵状矩圆形至卵状三角形，先端微钝。

花朵 花序穗状或圆锥状，通常腋生，也有顶生。雄花花被片5枚，雄蕊5枚；雌花二型：有花被的雌花花被裂片5，矩圆形，无苞片，无花被的雌花有2枚苞片。

果实 苞片结果时近圆形；种子直立，扁平，圆形，膜质，黄褐色，无光泽。

应用

可作蔬食。盐生植物，可"淡化"土壤。

102

猪毛菜

● 科名 / 藜科　● 属名 / 猪毛菜属
● 别名 / 猪毛缨、扎蓬棵、山叉明棵

Salsola collina Pall.

	1月	2月	3月	4月	5月	6月	7月	8月	9月	10月	11月	12月
● 花期							▬▬	▬▬	▬▬			
● 果期								▬▬	▬▬			

 分布

东北、华北、西北、西南及西藏、河南、山东、江苏。

生长环境

生于村边、路边、荒芜场所、沙丘或盐碱化砂质地。

▶ **形态特征**

一年生草本，高20~100cm。

🌿 **茎叶** 叶片丝状圆柱形，伸展或微弯曲，长2~5cm，宽0.5~1.5mm，顶端有刺状尖。

❀ **花朵** 穗状花序生长于枝条上部；苞片卵形，边缘膜质；花被片5，卵状披针形。

🌰 **果实** 胞果倒卵形，种子横生或斜生，直径约1.5mm。

备注 叶细长，顶端有刺状尖。

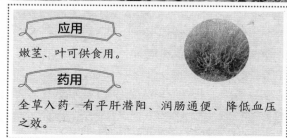

应用

嫩茎、叶可供食用。

药用

全草入药，有平肝潜阳、润肠通便、降低血压之效。

香椿

● 科名 / 棟科　● 属名 / 香椿属
● 别名 / 椿、春阳树、春甜树、椿芽、毛椿

Toona sinensis

	1月	2月	3月	4月	5月	6月	7月	8月	9月	10月	11月	12月
● 花期						●	●	●				
● 果期										●	●	●

分布 华北、华东、中部、南部和西南部各省区。

生长环境 喜温喜光较耐湿。生长于山地杂木林或疏林中，各地也有广泛栽培。

▶ 形态特征

落叶乔木，高可达25m。树皮浅纵裂,呈片状剥落。

茎叶 偶数羽状复叶；具16~20枚小叶，卵状长圆形或卵状披针形，两面无毛。

花朵 聚伞形圆锥状花序；花萼5齿裂或浅波状；花瓣5，白色，长圆形；花盘无毛，近念珠状。

果实 蒴果窄椭圆形，长2~3.5cm，深褐色，具苍白色小皮孔。种子上端具膜质长翅。

应用

幼芽嫩叶可供蔬食；可做优良木材。

药用

可入药，根皮及果入药，有收敛止血、祛湿止痛之功效。

萹蓄

- 科名 / 蓼科
- 属名 / 蓼属

Polygonum aviculare

	1月	2月	3月	4月	5月	6月	7月	8月	9月	10月	11月	12月
● 花 期					████	████	██					
● 果 期					███	████	████					

分布 全国各地。在北温带广泛分布。

生长环境 生长于海拔10~4200m的田边路、沟边湿地。

▶ 形态特征

一年生草本，高10~40cm。

☑ 茎叶 叶椭圆形、狭椭圆形或披针形，顶端钝圆或急尖，基部楔形，叶边缘全缘，两面无毛。

❀ 花朵 花单生或数朵簇生长于叶腋；苞片薄膜质；花梗较细，顶部有节；花被5深裂，花被片呈椭圆形，绿色，边缘为白色，也有淡红色。

🍒 果实 瘦果卵形，具3棱，黑褐色。

药用

全草供药用，有通经利尿、清热解毒之效。

105

何首乌

● 科名 / 蓼科　● 属名 / 何首乌属
● 别名 / 首乌、多花蓼、紫乌藤、夜交藤

Fallopia multiflora

	1月	2月	3月	4月	5月	6月	7月	8月	9月	10月	11月	12月
● 花期												
● 果期												

备注 块根肥厚，长椭圆形。

应用

何首乌苗、嫩叶可以作野菜。

药用

块根入药，有安神、养血、活络之效。制首乌可补益精血、乌须发、强筋骨、补肝肾。

分布

陕西、甘肃、四川、云南及贵州，华东、华中、华南。

生长环境

生于山谷灌丛、山坡林下、沟边石隙、草坡、路边。

▶ **形态特征**

多年生草本。块根肥厚，长椭圆形，暗褐色。

茎叶 茎缠绕，长2~4m，多分枝。叶互生，叶卵形或长卵形，长3~7cm，宽2~5cm，正面深绿色，背面浅绿色，全缘。

花朵 花序圆锥状，顶生或腋生，长10~20cm。苞片三角状卵形，每苞内具2~4花；花小，直径约2mm，多数；花被5深裂，花瓣状，白色或淡绿色，花被片椭圆形，大小不相等。

果实 瘦果卵形，具3棱，黑褐色。

华北大黄

- 科名 / 蓼科 　● 属名 / 大黄属
- 别名 / 波叶大黄、河北大黄、山大黄、峪黄

Rheum franzenbachii

	1月	2月	3月	4月	5月	6月	7月	8月	9月	10月	11月	12月
● 花 期						▬▬▬▬▬						
● 果 期							▬▬▬▬▬					

 分布 山西、河北、内蒙古南部及河南北部。

 生长环境 生长于山坡石滩或林缘。

▶ 形态特征

多年生草本植物。高可达90cm，直根粗壮。

茎叶 茎具细沟纹，常粗糙。基生叶较大，叶片心状卵形到宽卵形，长12~22cm，正面灰绿色或蓝绿色，下面暗紫红色。叶柄半圆柱状，短于叶片。

花朵 大型圆锥状花序，花黄白色，3~6朵簇生；花梗细，花被片6，外轮3片稍小，宽椭圆。

果实 果实宽椭圆形，种子卵状椭圆形。

应用

可生食或调味拌食。

药用

中药生用或炙用，有泻热通便、行瘀破滞之效，用于大便热秘、经闭腹痛、湿热黄疸。外用治口疮糜烂、烫火伤。

水蓼

- 科名 / 蓼科 · 属名 / 蓼属
- 别名 / 辣蓼

Polygonum hydropiper

	1月	2月	3月	4月	5月	6月	7月	8月	9月	10月	11月	12月
● 花 期												
● 果 期												

分布

我国南北各省区。

生长环境

生长于海拔50~3500m的河滩、水沟边、山谷湿地。

▶ 形态特征

一年生草本，株高40~70cm。

🌿 **茎叶** 茎直立生长，分枝较多。叶为披针形或椭圆状披针形，两面无毛。

❀ **花朵** 穗状总状花序，顶生或腋生，花稀疏，常下垂，下部间断；苞片漏斗状，长2~3mm，绿色；花被椭圆形，绿色，5深裂，少数4裂，上部一般白色或淡红色，被黄褐色透明腺点，柱头头状。

🍒 **果实** 瘦果卵形，长2~3mm，少数具3棱，黑褐色，无光泽。

应用

古代为常用调味剂。

药用

可全草入药，消肿解毒、利尿、止痢。

酸模

- 科名 / 蓼科　● 属名 / 酸模属
- 别名 / 遏蓝菜、酸溜溜、山菠菜、野菠菜

Rumex acetosa

	1月	2月	3月	4月	5月	6月	7月	8月	9月	10月	11月	12月
● 花 期					▬	▬	▬					
● 果 期						▬	▬	▬				

分布

我国南北各省区。

生长环境

生长于山坡、林缘、沟边、路旁。

▶ 形态特征

多年生草本，高40~100cm，具深沟槽。

 茎叶 基生叶和茎下部叶箭形，长3~12cm，宽2~4cm，全缘或微波状；叶柄长2~10cm；茎上部叶较小。

花朵 花序狭圆锥状，顶生，分枝稀疏。花单性，雌雄异株。花被片6，成2轮，雄花内花被片椭圆形，长约3mm，外花被片较小，雄蕊6；雌花内花被片果时增大，近圆形，外花被片椭圆形，反折。

果实 瘦果椭圆形，黑褐色。

应用

嫩茎、叶可作蔬菜及饲料，可做料理调味用。

药用

全草供药用，有凉血、解毒之效，用于热痢、小便淋痛、吐血、疥癣。

酸模叶蓼

●科名 / 蓼科　　●属名 / 蓼属
●别名 / 大马蓼

Polygonum lapathifolium L.

	1月	2月	3月	4月	5月	6月	7月	8月	9月	10月	11月	12月
● 花 期						■■■■	■■■■	■■■■				
● 果 期							■■■■	■■■■	■			

分布

我国南北各省区均有分布。

生长环境

生长于海拔30~3900m的路旁、水边、荒地或沟边湿地。是春季一年生杂草。

▶ 形态特征

一年生草本，高40~90cm。

茎叶 叶披针形或宽披针形，全缘。

花朵 总状花序顶生或腋生，花紧密；苞片为漏斗状，边缘有稀疏短缘毛；花被一般为淡红色或白色，有4~5深裂，花被片呈椭圆形，顶端叉分，外弯。

果实 瘦果宽卵形黑褐色，有光泽，包于宿存的花被内。

应用

可食用，生熟皆可。

药用

可入药，有祛湿解毒、散瘀消肿、止痒之功效。

掌叶大黄

- 科名 / 蓼科 ● 属名 / 大黄属
- 别名 / 葵叶大黄、北大黄、天水大黄、大黄

Rheum palmatum L.

	1月	2月	3月	4月	5月	6月	7月	8月	9月	10月	11月	12月
● 花期						■	■					
● 果期								■				

分布

甘肃、四川、青海、云南西北部及西藏东部等地区。

生长环境

生长于海拔1500~4400m的山地林缘、山坡草坡、山谷湿地。

▶ 形态特征

多年生草本，高约1.5m。根及根茎粗壮木质。

茎叶 茎直立中空，光滑无毛。基生叶大，有肉质粗壮的长柄，约与叶片等长；叶片宽心形或近圆形，径达40cm以上，3~7掌状深裂；茎生叶较小，互生。

花朵 大形圆锥状花序，顶生，分枝弯曲，开展，密被粗糙短毛；花小，呈紫红色；花梗细；花被6，2轮，内轮3片稍大，椭圆形。

果实 瘦果三角形，有翅，暗褐色。种子宽卵形。

应用

有利于改善生态。叶柄可加工食用，不宜多食。

药用

以干燥根及根茎入药，有泻热通便、凉血行瘀之效，用于胃肠实热积滞、大便秘结、腹部胀满。

菱

● 科名 / 菱科 　● 属名 / 菱属
● 别名 / 水菱、风菱、乌菱、菱角、水栗、菱实

Trapa bispinosa Roxb.

	1月	2月	3月	4月	5月	6月	7月	8月	9月	10月	11月	12月
● 花 期												
● 果 期												

分布 中国南北各地水域，尤以长江下游太湖地区和珠江三角洲栽培最多。

生长环境 生长于湖湾、池塘、河湾、河沼。

▶ 形态特征

一年生浮水水生草本。根二型；叶二型。

 茎叶 浮生叶聚生长于茎顶，成莲座状，叶片菱圆形或三角状菱圆形，长3.5~4.0cm，宽4.2~5.0cm，表面深亮绿色，无毛，背面灰褐色或绿色，边缘上半部有锯齿，近基部全缘。

 花朵 花两性，白色，单生长于叶腋。

果实 坚果倒三角形，高2cm，宽2.5cm，2肩角直伸或斜举，肩角长约1.5cm，内具1白种子。

应用

果肉可食，嫩茎可作菜蔬，菱叶可作青饲料或绿肥。

药用

有利尿通乳、健脾益胃之效，可除烦止渴，解毒。

落葵

● 科名 / 落葵科　● 属名 / 落葵属
● 别名 / 木耳菜、胭脂菜、藤菜、胭脂豆、蒿芭菜、潺菜

Basella alba L.

	1月	2月	3月	4月	5月	6月	7月	8月	9月	10月	11月	12月
● 花 期												
● 果 期												

分布

我国南北各地多有种植，南方或逸为野生。

生长环境

生长于海拔2000m以下地区，一般生长在疏松肥沃的沙壤土。

▶ **形态特征**

一年生缠绕草本。

🌿 **茎叶** 茎长达3~4m，分枝明显，绿色。单叶互生；叶片宽卵形、心形至长椭圆形，长3~9cm，宽2~8cm，顶端渐尖，基部微心形或圆形，全缘。

✿ **花朵** 穗状花序腋生或顶生，长3~20cm；小苞片2，长圆形，宿存；花萼片5，淡紫色或淡红色，下部白色，连合成管；无花瓣。

🍒 **果实** 果实卵形或球形，长5~6mm，红色至深红色。种子近球形。

应用

可作蔬菜，栽培历史悠久，适合炒食、烫食、凉拌；果汁可作食品着色剂；也可观赏，适用于庭院、窗台阳台和小型篱栅装饰美化。

药用

全草供药用，为缓泻剂，有滑肠、散热、利大小便之效；花，清血解毒，用于解痘毒。

马齿苋

● 科名 / 马齿苋科　● 属名 / 马齿苋属
● 别名 / 五行草、长命菜、瓜子菜、蚂蚱菜、猪母菜、麻绳菜

Portulaca oleracea L.

备注 叶片倒卵形，肉质。

	1月	2月	3月	4月	5月	6月	7月	8月	9月	10月	11月	12月
● 花期					▬	▬	▬	▬				
● 果期						▬	▬	▬	▬			

分布 我国南北均产。

生长环境 农田、菜园、路旁，为田野常见杂草。

▶ 形态特征

一年生肉质草本。

茎叶 叶互生，倒卵形，扁平肥厚，正面暗绿色，背面淡绿色或带暗红色。

花朵 花无梗，3~5朵簇生枝端，直径约5mm，午时开；萼片绿色，呈盔形；花瓣倒卵形，5枚，明黄色。

果实 蒴果卵球形；种子细小，数量多，斜球形。

应用

可食用，营养丰富，味酸，适合凉拌、炒肉丝、做汤。

药用

全草供药用，清热解毒、消肿消炎、凉血利尿；种子明目。

114

土人参

● 科名 / 马齿苋科　● 属名 / 土人参属
● 别名 / 栌兰、人参菜、紫人参、参草、假人参

Jalinum paniculatum (Jacq.) Gaertn.

	1月	2月	3月	4月	5月	6月	7月	8月	9月	10月	11月	12月
● 花 期						▬▬▬▬▬▬▬▬▬▬						
● 果 期									▬▬▬▬▬▬▬▬▬▬			

 我国中部和南部均有栽植，有的逸为野生。

 喜温暖湿润的气候，生长于阴湿地。

▶ 形态特征

一年生或多年生草本，高30~80cm。

茎叶 茎直立，肉质，近根部偏木质。叶互生或近对生，稍肉质，倒卵形或长椭圆形，长5~10cm，顶端尖，全缘。

花朵 圆锥状花序顶生或腋生，常呈二叉状分枝。花小；花瓣偏椭圆形或倒卵形，粉红色或淡紫红色。

果实 蒴果近球形；种子扁圆形，直径约1mm，黑褐色。

应用

嫩茎叶和地下膨大肉质根可食用，适炒食或做汤。

药用

根为滋补强壮药，补中益气、生津止渴；叶消肿解毒。

115

黄荆

● 科名 / 马鞭草科　● 属名 / 牡荆属
● 别名 / 黄荆条、黄荆子、布荆、荆条

Vitex negundo L.

	1月	2月	3月	4月	5月	6月	7月	8月	9月	10月	11月	12月
● 花期				■	■	■						
● 果期							■	■	■	■		

分布

长江以南各省。

生长环境

生长于山坡、路旁、灌木丛中等地带。

▶ **形态特征**

灌木或小乔木。

🌿 **茎叶** 掌状复叶，小叶常5枚，也有3枚；小叶表面绿色，长圆状披针形，全缘或每边有少数粗锯齿，背面密生灰白色绒毛；中间小叶长4~12cm，宽1~4cm，两侧小叶依次渐小。

❀ **花朵** 聚伞状花序排成圆锥状花序式，顶生，长10~27cm；花萼钟状，顶端有5裂齿，外被灰白色绒毛；花冠淡紫色，外有微柔毛，顶端5裂，二唇形。

🍂 **果实** 核果近球形，径约2mm；宿萼接近果实的长度。

应用

观赏植物，花和枝叶可提取芳香油。

药用

茎叶化湿截疟，治久痢疟疾；种子止咳平喘，理气止痛。

金莲花

● 科名 / 毛茛科　● 属名 / 金莲花属
● 别名 / 金芙蓉、金梅草、金疙瘩

Trollius chinensis Bunge

	1月	2月	3月	4月	5月	6月	7月	8月	9月	10月	11月	12月
● 花 期						▬	▬					
● 果 期								▬	▬			

分布

河南、河北、山西及内蒙古南部、东北等地。

生长环境

生长于海拔1000~2200m山地草坡或疏林下。

▶ **形态特征**

多年生草本，高30~70cm。全株无毛。

 茎叶 茎直立，不分枝，疏生2~4叶。基生叶1~4，长16~36cm，具长柄，柄长12~30cm；叶片五角形，长3.8~6.8cm，3全裂，全裂片分开。茎生叶互生，叶形与基生叶相似柄。

花朵 花两性，单朵顶生或2~3朵排列成稀疏的聚伞状花序，直径3.8~5.5cm；花梗长5~9cm；苞片3裂；萼片金黄色；花瓣多数，18~21，狭线形。

果实 菁葖果，约1.2cm。

应用

观赏花卉。味辛辣，嫩梢、花蕾、新鲜种子可作为食品调味料；花和嫩叶可作野菜食用；干花可制成金莲花茶饮用。

药用

花入药，可清热解毒、消肿，主治扁桃体炎、中耳炎。

木棉

- 科名 / 木棉科　●属名 / 木棉属
- 别名 / 红棉、英雄树、攀枝花、斑芝棉、斑芝树

Bombax malabaricum DC.

	1月	2月	3月	4月	5月	6月	7月	8月	9月	10月	11月	12月
● 花 期			▅▅▅▅	▅▅								
● 果 期					▅▅▅▅	▅▅						

分布 云南、四川、贵州、广西、江西、广东、台湾、福建等省。

生长环境 喜温暖干燥和阳光充足的环境。生长于海拔1400~1700m以下的干热河谷及稀树草原，也可生长在沟谷季雨林内。

▶ 形态特征

落叶大乔木，高达25m。

茎叶 掌状复叶，小叶5~7，长圆形或长圆状披针形，全缘，两面无毛，托叶小。

花朵 花单生枝顶叶腋，红色或橙红色；花萼杯状；花瓣肉质。

果实 蒴果长圆形。种子多数，倒卵圆形，光滑。

应用

花可食用。木材轻软，可用作蒸笼、箱板、火柴梗、造纸等的原料。花大而美，树姿巍峨，可植为园庭观赏树、行道树。

药用

可入药，主治清热除湿，能治菌痢、肠炎。

连翘

● 科名 / 木樨科　　● 属名 / 连翘属
● 别名 / 黄花杆、黄花条、连壳、青翘、落翘、黄奇丹、一串金

Forsythia suspensa (Thunb.) *Vahl*

	1月	2月	3月	4月	5月	6月	7月	8月	9月	10月	11月	12月
● 花 期			████	████								
● 果 期						██	████	████	████			

分布

山东、河北、山西、河南、陕西、湖北、四川和安徽。

生长环境

生长于山坡灌丛、林下或草丛中。

▶ **形态特征**

落叶灌木。

 茎叶 枝开展或下垂，棕色、棕褐色或淡黄褐色，小枝节间中空。单叶，有时2裂或3出复叶，叶卵形、宽卵形或椭圆状卵形，长2~10cm，叶缘除基部外具锐锯齿或粗锯齿，正面深绿色，背面淡黄绿色。

花朵 花单生或2至数朵生长于叶腋，先叶开花；花萼绿色，裂片长圆形；花冠黄色，裂片倒状长圆形或长圆形，长1.2~2.0cm。

果实 果卵圆形、卵状椭圆形或长椭圆形。

备注 盛开时满枝金黄。

应用

嫩茎叶可以作野菜食用，适合炒或做汤。

药用

果实入药，有清热解毒、消结排脓之效；叶入药，治疗高血压、痢疾、咽喉痛。

苹

- 科名 / 苹科　● 属名 / 苹属
- 别名 / 田字草、破铜钱、四叶菜、叶合草

Marsilea quadrifolia L.

	1月	2月	3月	4月	5月	6月	7月	8月	9月	10月	11月	12月
● 花　期												
● 孢子期							████████████					

 分布 广布长江以南各省区，北达华北和辽宁，西到新疆。

 生长环境 生长于水田或沟塘中，是水田中的有害杂草。

▶ 形态特征

植株高5~20cm。

 茎叶 根状茎细长，横向生长。叶片由4片倒三角形的小叶组成，呈十字形，全缘，草质。

果实 孢子果双生或单生长于短柄上，而柄着生长于叶柄基部，长椭圆形，褐色，木质，坚硬。每个孢子果内含多数孢子囊，大小孢子囊同生长于孢子囊托上，一个大孢子囊内只有一个大孢子，而小孢子囊内有多数小孢子。

应用

可食用，炒食或做汤。

药用

全草可入药，清热解毒、利水消肿，外用治疮痈、毒蛇咬伤。

地榆

- 科名 / 蔷薇科　　- 属名 / 地榆属
- 别名 / 黄爪香、玉札、山枣子

Sanguisorba officinalis L.

备注 紫红色穗状花序。

	1月	2月	3月	4月	5月	6月	7月	8月	9月	10月	11月	12月
● 花期							▬	▬	▬	▬		
● 果期							▬	▬	▬	▬		

 分布 我国南北大部分地区有分布。

 生长环境 生长于草原、草甸、山坡、荒地、草地、灌丛中、疏林下，有栽种。

▶ 形态特征

多年生草本，高30~120cm。根粗壮，多呈纺锤形。

茎叶 基生叶为羽状复叶，有小叶4~6对；小叶片有短柄，卵形或长圆状卵形，边缘有多数锯齿。茎生叶，小叶片有短柄至几无柄，长圆披针形，狭长。

花朵 花小；穗状花序椭圆形、圆柱形或卵球形，直立，从花序顶端向下开放。

果实 瘦果卵形，长约3mm，褐色，有细毛，具纵棱，包藏在宿存萼筒内。

应用

可栽植于庭园、花园供观赏。嫩叶可食，又作代茶饮。

药用

以根入药，有凉血止血、清热解毒之效，是重要止血药。也可用于治疗烧伤、烫伤。

121

翻白草

● 科名 / 蔷薇科　　● 属名 / 委陵菜属
● 别名 / 鸡腿根、天藕、翻白萎陵菜、叶下白、鸡爪参

Potentilla discolor

	1月	2月	3月	4月	5月	6月	7月	8月	9月	10月	11月	12月
● 花 期												
● 果 期												

 分布 全国各地。

生长环境 生长于海拔100~1850m的荒地、山谷、沟边、山坡草地、草甸及疏林下。

▶ 形态特征

多年生草本，高达45cm。有肥厚呈纺锤状的根。

茎叶 基生叶有2~4对小叶，长圆形或长圆状披针形，具圆钝稀急尖锯齿。

花朵 聚伞状花序有花数朵至多朵，疏散，花直径1~2cm；萼片呈三角状卵形，副萼片为披针形，较萼片短；花瓣为黄色，倒卵形；花柱近顶生。

果实 瘦果近肾形，宽约1mm。

122

蕨麻

● 科名 / 蔷薇科　● 属名 / 委陵菜属
● 别名 / 人参果、延寿草、蕨麻委陵菜、莲花菜、鹅绒委陵菜

Potentilla anserina

	1月	2月	3月	4月	5月	6月	7月	8月	9月	10月	11月	12月
● 花 期												
● 果 期												

 分布 黑龙江、吉林、辽宁、内蒙古、河北、山西、陕西、甘肃、宁夏、青海、新疆等省。

 生长环境 生长于海拔500~4100m的河岸、路边、山坡草地及草甸。

▶ 形态特征

多年生草本。

茎叶 基生叶为间断羽状复叶，6~11对小叶，小叶椭圆形、卵状披针形或长椭圆形；茎生叶与基生叶相似，但小叶对数较少。

花朵 单花腋生；花径1.5~2.0cm；萼片三角状卵形，副萼片椭圆形或椭圆状披针形，通常2~3裂；花瓣黄色，倒卵形。

123

龙芽草

● 科名 / 蔷薇科　● 属名 / 龙芽草属
● 别名 / 仙鹤草、地仙草、瓜香草、老鹤嘴

Agrimonia pilosa Ldb.

	1月	2月	3月	4月	5月	6月	7月	8月	9月	10月	11月	12月
● 花期												
● 果期												

分布

我国大部分地区均有分布。

生长环境

常生长于溪边、路旁、草地、灌丛、林缘及疏林下。

▶ **形态特征**

多年生草本，高30~120cm。

 茎叶 根茎短，基部常有1至数个地下芽。茎被疏柔毛及短柔毛。奇数羽状复叶互生，通常有小叶3~4对，稀2对；小叶大小不等，间隔排列，倒卵形，长1.5~5.0cm，边缘有急尖到圆钝锯齿，正面绿色而背面淡绿色。

花朵 花序总状顶生；花直径6~9mm，萼片5，三角卵形；花瓣黄色，长圆形。

果实 果实倒卵圆锥形，外面有10条肋。

应用

嫩茎叶可食，去除苦涩味后炒食、凉拌。

药用

供药用。药理：抗凝血、抗血栓形成、抗肿瘤、抗寄生虫。

枸杞

● 科名 / 茄科　　● 属名 / 枸杞属
● 别名 / 枸杞菜、红珠仔刺、狗奶子、红耳坠

Lycium chinense Mill.

备注　浆果红色，卵状。

	1月	2月	3月	4月	5月	6月	7月	8月	9月	10月	11月	12月
● 花 期												
● 果 期												

分布　我国南北大部分地区。

生长环境　常生长于山坡荒地、丘陵盐碱地、路旁田埂及村边宅旁。

▶ **形态特征**

落叶灌木，植株较矮小，高1m左右。

茎叶　叶纸质或栽培者质稍厚，单叶互生或2~4枚簇生，卵形、长椭圆形或卵状披针形，长2~6cm。

花朵　全花紫色；花萼钟状，3~5裂；花冠漏斗状。

果实　浆果卵形或长圆形，长10~15mm，直径4~8mm；种子黄色，扁肾脏形。

应用

嫩叶可作蔬菜，也可作观赏植物。

药用

枸杞叶可补虚益精、清热明目；皮（中药称地骨皮）有解热止咳、泻肺火之效。

少花龙葵

●科名 / 茄科　●属名 / 茄属
●别名 / 古钮菜、扣子草、打卜子、古钮子、衣扣草

Solanum photeinocarpum

	1月	2月	3月	4月	5月	6月	7月	8月	9月	10月	11月	12月
● 花　期												
● 果　期												

 分布 云南南部、江西、湖南、广西、广东、台湾等地。

 生长环境 常生长于溪边、密林阴湿处或林边荒地。

▶ 形态特征

纤弱草本，高约1m。

茎叶 叶薄，卵形至卵状长圆形，先端渐尖，基部楔形下延至叶柄而成翅，叶缘近全缘，波状或有不规则的粗齿，两面均具疏柔毛，有时下面近于无毛。

花朵 花序近伞形，腋外生，纤细，具微柔毛，着生1~6朵花，花小，直径约7mm；花冠白色，筒部隐于萼内，冠檐5裂，裂片卵状披针形。

果实 浆果球状，成熟后黑色；种子近卵形。

126

中华秋海棠

● 科名 / 秋海棠科
● 属名 / 秋海棠属

Begonia grandis

备注 叶片两侧不对称。

	1月	2月	3月	4月	5月	6月	7月	8月	9月	10月	11月	12月
● 花 期												
● 果 期												

分布 湖南、湖北、安徽、江西、浙江、河北、河南、山东、四川、贵州、广西等地。

生长环境 生长于山谷湿壁上、溪沟旁岩石上及灌丛林阴处。

▶ 形态特征

多年生草本，高40~60cm。

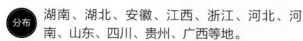

茎叶 茎生叶互生，叶片两侧不对称，叶缘有三角形浅齿。叶正面褐绿色，常有红晕，背面色淡，带红晕或紫红色，掌状脉紫红色。叶柄和花葶有棱。

花朵 二歧聚伞状花序腋生，花序梗长4.5~7.0cm；花粉红色，较多数；苞片长圆形，早落。

果实 蒴果下垂，长10~12mm；种子较小、数量多，长圆形，淡褐色。

应用

适宜盆栽或作花坛材料观赏，嫩枝叶可少量食用。

药用

块茎药用，有活血散瘀、清热、止血、止痛之效。

127

荚果蕨

● 科名 / 球子蕨科　● 属名 / 荚果蕨属
● 别名 / 黄瓜香、野鸡膀子

Matteuccia struthiopteris

	1月	2月	3月	4月	5月	6月	7月	8月	9月	10月	11月	12月
● 花　期												
● 孢子期							▬▬▬▬▬▬					

分布

东北、华北、西北，湖北西部、陕西、四川、西藏。

生长环境

生长于山谷林下或河岸湿地。

▶ 形态特征

植株高70~110cm。

茎叶 叶簇生，二型；不育叶叶片椭圆披针形至倒披针形，长50~100cm，中部宽17~25cm，向基部逐渐变狭，二回深羽裂，羽片40~60对，互生或近对生，边缘具波状圆齿或为近全缘，通常略反卷，叶草质；能育叶较不育叶短，有粗壮的长柄（长12~20cm），叶片倒披针形，长20~40cm，中部以上宽4~8cm，一回羽状，羽片线形。

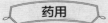

果实 孢子囊群圆形，成熟时连接而成为线形，囊群盖膜质。

应用

有鲜黄瓜的清香味道，是著名的山野菜，食用嫩叶。可作为观叶植物露天栽培。

药用

可入药，有清热解毒、凉血止血、驱虫之效。

忍冬

● 科名 / 忍冬科　● 属名 / 忍冬属
● 别名 / 金银花、金银藤、银藤、二色花藤、二宝藤

Lonicera japonica

备注　初开为白色，后转为黄色。

	1 月	2 月	3 月	4 月	5 月	6 月	7 月	8 月	9 月	10 月	11 月	12 月
● 花期				▰▰	▰▰	▰▰						
● 果期										▰▰	▰▰	

分布　除黑龙江、内蒙古、宁夏、青海、新疆、海南和西藏外，全国各省均有分布。

生长环境　生长于山坡灌丛或疏林中、乱石堆、山路旁及村落篱笆边，也常栽培。

▶ 形态特征

半常绿藤本。

茎叶　叶纸质，卵形至矩圆状卵形，有时卵状披针形，背面淡绿色；叶柄长4~8mm，密被短柔毛。

花朵　总花梗通常单生长于小枝上部叶腋；苞片大，叶状，卵形至椭圆形，长达2~3cm；花冠白色，唇形，上唇裂片顶端钝形，下唇带状而反曲。

果实　果实圆形；种子卵圆形或椭圆形，褐色。

应用

可做凉茶，当饮料饮用。具有观赏价值。

药用

具悠久历史的常用中药，有清热解毒、抗炎去火之效。

白苞裸蒴

● 科名 / 三白草科
● 属名 / 裸蒴属

Gymnotheca involucrata Pei

	1月	2月	3月	4月	5月	6月	7月	8月	9月	10月	11月	12月
● 花期												
● 果期												

分布 产于四川南部。

生长环境 生长于路旁或林中湿地上，海拔约1000m处。

▶ 形态特征

无毛草本。

 茎叶 叶纸质，无腺点，心形或肾状心形，长18cm，宽6~10cm，边全缘或有不明显的细圆齿；叶脉5~7条，全部基出，网状脉明显。

 花朵 花序单生；苞片倒卵状长圆形或倒披针形，长约3mm，最下3~4片特大，白色，叶状，长12~18cm，宽8~12mm。

药用

全草入药，有清热利湿、止血、解毒之效。

蕺菜

- 科名 / 三白草科　● 属名 / 蕺菜属
- 别名 / 鱼腥草、狗贴耳、狗蝇草、臭菜、侧耳根

Houttuynia cordata Thunb.

备注　总苞片4枚，白色卵形。

	1月	2月	3月	4月	5月	6月	7月	8月	9月	10月	11月	12月
● 花 期				▬	▬	▬	▬					
● 果 期					▬	▬	▬	▬	▬	▬		

 分布　亚洲东部和东南部广布，如我国陕西、甘肃及长江流域以南各省。

 生长环境　生长于沟边、溪边、田畔林下阴湿处。

▶ 形态特征

多年生草本植物，鱼腥异味明显，高30~60cm。

茎叶　叶片薄纸质呈心形，全缘，正面绿色，背面常呈紫红色；托叶下部与叶柄合生成鞘状。

花朵　穗状花序长约2cm，在枝顶端与叶互生，花小，两性，无花被；总苞片长圆形或倒卵形，白色，4枚，长10~15mm，宽5~7mm。

果实　蒴果卵圆形，长2~3mm。种子数量多，卵形。

应用

嫩根茎叶可食，常作蔬菜或调味品。

药用

全株入药，有清热解毒、利尿消肿之效，可治肠炎、痢疾、肾炎水肿及乳腺炎、中耳炎、肺部感染等症状。

裸蒴

- 科名 / 三白草科
- 属名 / 裸蒴属

Gymnotheca chinensis Decne.

	1月	2月	3月	4月	5月	6月	7月	8月	9月	10月	11月	12月
● 花 期				▬	▬	▬	▬	▬	▬	▬	▬	
● 果 期							▬	▬	▬			

药用

全草药用，有消食积、解毒排脓等功效。

分布

湖北、湖南、广东、广西、云南、贵州及四川等省区。

生长环境

生长于水旁或林谷中。

▶ **形态特征**

无毛草本。

🌿 **茎叶** 叶纸质，无腺点，叶片肾状心形，长3.0~6.5cm，宽4.0~7.5cm，边全缘或有不明显的细圆齿；叶柄与叶片近等长；托叶膜质，与叶柄边缘合生，长1.5~2.0cm，基部扩大抱茎；叶鞘长为叶柄的1/3。

✳ **花朵** 花序单生，长3.5~6.5cm；总花梗与花序等长或略短；花序轴压扁，两侧具阔棱或几成翅状；子房长倒卵形，花柱线形，外卷。

三白草

● 科名 / 三白草科　● 属名 / 三白草属
● 别名 / 白面姑、白舌骨、塘边藕

Saururus chinensis (Lour.) Baill.　备注 植株顶部2~3片叶常呈白色。

	1月	2月	3月	4月	5月	6月	7月	8月	9月	10月	11月	12月
● 花 期				■	■	■						
● 果 期								■	■			

 分布 河北、山东、河南和长江流域及其以南各省区。

 生长环境 生长于沟边、塘边或溪旁等低湿处。

▶ 形态特征

多年生湿生草本，高可达1m。

茎叶 茎下部伏地，上部直立。纸质叶互生，阔卵形至卵状披针形，顶端尖，基部心形。植株上部的叶片较小，茎顶端的2~3片于花期常为白色，呈花瓣状。叶柄长1~3cm，基部与托叶合生成鞘状，略抱茎。

花朵 总状花序顶生，与叶对生，白色，长12~20cm。

应用

湿地水景观赏。

药用

全株药用，内服治尿路感染、结石、脚气水肿及营养性水肿；外敷治痈疮疖肿、皮肤湿疹等。

积雪草

● 科名 / 伞形科　　● 属名 / 积雪草属
● 别名 / 铜钱草、马蹄草、钱齿草、铁灯盏

Centella asiatica

备注　叶片圆扇形或马蹄形，鲜绿色。

	1月	2月	3月	4月	5月	6月	7月	8月	9月	10月	11月	12月
● 花 期												
● 果 期												

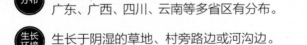

分布　陕西、江苏、江西、湖南、湖北、福建、台湾、广东、广西、四川、云南等多省区有分布。

生长环境　生长于阴湿的草地、村旁路边或河沟边。

▶ 形态特征

多年生匍匐草本，茎细长，节上生根。

茎叶　叶互生，叶片膜质，圆形、肾形或马蹄形，直径2~4cm。叶缘具圆齿，基部阔心形。

花朵　伞形花序2~4个，聚生长于叶腋；每一花序有花3~4朵，花小，无柄或有短柄；花瓣膜质，卵形，紫红色或乳白色，长1.2~1.5mm。

果实　果实扁圆形，具明显隆起的纵棱及细网纹。

应用

用于生产美容护肤产品，可少量泡茶。

药用

全草入药，有清热解毒、消肿利湿、益脑提神之效。

密花岩风

● 科名 / 伞形科　● 属名 / 岩风属
● 别名 / 胡芹菜

Libanotis condensata

	1月	2月	3月	4月	5月	6月	7月	8月	9月	10月	11月	12月
● 花期							████	████				
● 果期									███			

分布 河北、山西、内蒙古、新疆等省区。

生长环境 生长于海拔1400~2400m的山坡草地、路旁或林中。

▶ 形态特征

多年生草本，高20~90cm。

茎叶 茎通常单一，圆柱形，基部径2~8mm，空管状，有明显突起的条棱和浅纵沟纹，光滑无毛，不分枝，或有时上部有少数分枝。

花朵 复伞形花序顶生，偶有1~2分枝，花序梗粗壮，顶部密生糙毛，复伞形花序直径3~7cm。

果实 分生果椭圆形，背棱线形，稍突起，侧棱呈狭翅状；每棱槽内油管2~4，合生面油管4。

应用

活血行气，治气血凝滞所致心腹及肢体疼痛。

山茴香

● 科名 / 伞形科
● 属名 / 山茴香属

Carlesia sinensis Dunn

	1月	2月	3月	4月	5月	6月	7月	8月	9月	10月	11月	12月
● 花 期							▭	▭	▭			
● 果 期							▭	▭	▭			

分布 我国辽宁、山东。

生长环境 生长在海拔300~950m的山峰岩缝间。

▶ 形态特征

多年生矮小草本，高10~20cm。根圆锥形，粗壮。

茎叶 茎直立，直径约2mm，有分枝。基生叶多数，3回羽状全裂，末回裂片线形，先端尖，全缘；中部茎生叶有短柄，叶片2~3回羽状全裂，裂片线形；上部的茎生叶细小，3深裂。

花朵 复伞形花序顶生或腋生；总苞片线形；花白色；花瓣倒卵形，长1.2~1.5mm，先端微缺。

果实 果实长椭圆状卵形。

应用

供香料用；嫩叶可食用。

药用

可入药，有温肾散寒、和胃理气之效。

山芹

● 科名 / 伞形科　● 属名 / 山芹属
● 别名 / 山芹菜、小芹当归、望天芹、山芹独活

Ostericum sieboldii (Miq.) Nakai

	1月	2月	3月	4月	5月	6月	7月	8月	9月	10月	11月	12月
● 花 期								▬▬	▬			
● 果 期									▬▬▬			

 分布 我国东北及内蒙古、山东、江苏、浙江等地。

生长环境 性喜冷凉、湿润，生长于海拔较高的山坡林缘、沟谷、草地林下等处。

▶ 形态特征

多年生草本植物，高0.5~1.5m。

茎叶 茎直立，中空。基生叶和上部叶为二至三回三出式羽状分裂，基生叶有长柄，茎生叶叶柄较短，最上部的叶常简化成叶鞘。

花朵 复伞形花序，顶生，伞辐5~14，小伞形花序有花8~20朵。花瓣白色，长圆形，基部渐狭。

果实 果实长圆形至卵形，成熟时金黄色。

应用

幼苗可作野菜食用。

药用

可入药，主治风湿酸痛、感冒头痛等症。

137

水芹

● 科名 / 伞形科 ● 属名 / 水芹属
● 别名 / 水芹菜、野芹菜

Oenanthe javanica (Bl.) DC.

	1月	2月	3月	4月	5月	6月	7月	8月	9月	10月	11月	12月
● 花期												
● 果期												

分布

我国各地。

生长环境

性喜凉爽，忌炎热干旱。多生长于浅水低洼地或池沼、水沟旁、农舍附近。

▶ 形态特征

多年生草本，高15~80cm。

🌱 **茎叶** 基生叶叶片轮廓三角形，1~2回羽状分裂，边缘有牙齿或圆齿状锯齿；茎上部叶无柄，裂片和基生叶的裂片相似，较小。

❀ **花朵** 复伞形花序顶生，花序无总苞；萼齿线状披针形，长与花柱基相等；花瓣白色，倒卵形；花柱基圆锥形，直立或两侧分开。

🍒 **果实** 果实近于四角状椭圆形或筒状长圆形，侧棱较背棱和中棱隆起，木栓质，分生果横剖面近于五边状的半圆形。

应用

可食用，茎叶作蔬食。

药用

可入药，可降低血压。

杏叶茴芹

● 科名 / 伞形科 ● 属名 / 茴芹属
● 别名 / 杏叶防风

Pimpinella candolleana Wight et Arn.

	1月	2月	3月	4月	5月	6月	7月	8月	9月	10月	11月	12月
● 花期						▬▬	▬▬	▬▬	▬▬	▬▬		
● 果期						▬▬	▬▬	▬▬	▬▬	▬▬		

分布

云南、四川、广西。

生长环境

生长于海拔1350~3500m
的灌丛中、草坡上、沟边、
路旁或林下。

▶ 形态特征

多年生草本，高10~100cm。

茎叶 茎直立，通常单
生，稀为2，被柔毛，上
部有少数分枝。叶片不分
裂，心形，长2~8cm，宽
2~7cm，近革质；茎生叶
少，中、下部叶有柄。

花朵 复伞形花序少；
通常无总苞片，偶有1~7，
线形，顶端全缘或3裂；花
瓣白色，或微带红色，倒心
形，背面有毛。

果实 果实卵球形，有瘤
状突起，果棱线形。

药用

温中散寒，行气止痛，祛风活血，解毒消肿。

鸭儿芹

● 科名 / 伞形科
● 属名 / 鸭儿芹属

Cryptotaenia japonica

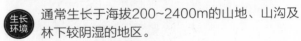

	1月	2月	3月	4月	5月	6月	7月	8月	9月	10月	11月	12月
● 花 期				██	██							
● 果 期						██	██	██	██	██		

分布 河北、安徽、江苏、浙江、福建、江西、广东、广西、湖北、湖南、山西、陕西等省市。

生长环境 通常生长于海拔200~2400m的山地、山沟及林下较阴湿的地区。

▶ 形态特征

多年生草本。

茎叶 基生叶或较下部的茎生叶具柄，3小叶，顶生小叶菱状倒卵形，有不规则锐齿或2~3浅裂。

花朵 花序圆锥状，花序梗不等长，总苞片和小总苞片1~3，线形，早落；伞形花序有花2~4。花梗极不等长；花瓣倒卵形，顶端有内折小舌片。

果实 果线状长圆形，合生面稍缢缩，胚乳腹面近平直。

应用

种子含油约22%，可以制肥皂和油漆。

药用

全草入药，可治虚弱、尿闭及肿毒等。

紫花前胡

● 科名 / 伞形科   ● 属名 / 当归属
● 别名 / 土当归、野当归、独活、鸭脚前胡、鸭脚当归

Angelica decursiva (Miq.) Franch.

	1月	2月	3月	4月	5月	6月	7月	8月	9月	10月	11月	12月
● 花 期								▬	▬			
● 果 期									▬	▬	▬	

分布

我国辽宁和华中、华东、华南地区。

生长环境

生长于山坡草地、林缘灌丛、溪沟边等处。

▶ **形态特征**

多年生草本植物。根圆锥状，有强烈气味。

🌿 **茎叶** 茎高1~2m，直立中空，紫色。根生叶和茎生叶有长柄，叶片一回三全裂或一至二回羽状分裂，末回裂片卵形或长圆状披针形，顶端尖。

🌼 **花朵** 复伞形花序顶生和侧生，花序梗长3~8cm，伞辐10~22。花深紫色，花瓣倒卵形，花药暗紫色。

🍒 **果实** 果实长圆形，长4~7mm，宽3~5mm。

应用

春季幼苗可作野菜食用，果实可制芳香油。

药用

根称前胡，入药，有解热、镇咳、祛痰、治胸闷之效。

白花菜

● 科名 / 山柑科　　● 属名 / 白花菜属
● 别名 / 羊角菜

Cleome gynandra L.

	1月	2月	3月	4月	5月	6月	7月	8月	9月	10月	11月	12月
● 花 期							▬	▬	▬	▬		
● 果 期							▬	▬	▬	▬		

分布

中国地区从南到北都有分布。

生长环境

通常生长于低海拔村边、道旁、荒地或田野间，是常见杂草。

▶ 形态特征

一年生直立草本，高约1m。

茎叶 掌状复叶，小叶3~7片，倒卵形或倒卵状披针形，先端尖或钝圆，基部楔形，全缘或有小锯齿，中央小叶最大，侧生小叶渐小，叶脉4~6对；叶柄长2~7cm；小叶柄长2~4mm，无托叶。

花朵 总状花序顶生，被腺毛，具3裂的叶状苞片。

果实 果无毛，有网纹。

应用

可食用，常做成腌菜。

药用

可入药，种子碾粉可杀头虱、家畜寄生虫，煎剂内服可驱肠道寄生虫，煎剂外用能疗创伤脓肿。

商陆

- 科名 / 商陆科　● 属名 / 商陆属
- 别名 / 章柳、山萝卜、见肿消、金七娘、白母鸡

Phytolacca acinosa Roxb.

	1月	2月	3月	4月	5月	6月	7月	8月	9月	10月	11月	12月
● 花 期					██	██	██	██				
● 果 期					██	██	██	██	██	██		

分布

我国除东北、内蒙古、青海、新疆外，均有分布。

生长环境

生长于湿润的沟谷、山坡林下、林缘路旁。

▶ 形态特征

多年生草本，高可达1.5m。根肥大，肉质，倒圆锥形。

 茎叶 茎直立，圆柱形，有纵沟，肉质，绿色或红紫色，多分枝。叶互生，薄纸质，卵圆形，长10~25cm，宽5~10cm；叶柄长3cm。

花朵 总状花序顶生或与叶对生，密生多花；花序梗长1~4cm；花两性，直径约8mm；花被片5，卵形；雄蕊8；心皮8~10，离生。

果实 果穗直立，分果浆果状，直径约7mm，熟时黑色；种子肾形，黑色。

应用

嫩茎叶可供蔬食。提取制作生物农药。

药用

根入药，以白色肥大者为佳，红根有剧毒，仅外用。有祛痰、平喘、抗菌、抗炎、利尿之效。

大叶碎米荠

● 科名 / 十字花科　● 属名 / 碎米荠属
● 别名 / 普贤菜丘乳巴、石格菜

Cardamine macrophylla

	1月	2月	3月	4月	5月	6月	7月	8月	9月	10月	11月	12月
● 花 期					▬	▬						
● 果 期							▬	▬				

分布

内蒙古、河北、山西、湖北、陕西、甘肃等省区。

生长环境

生长于山坡灌木林、沟边、石隙、高山草坡湿润处。

▶ **形态特征**

多年生草本，高30~100cm。

茎叶 茎较粗壮，圆柱形，直立，有时基部倾伏，表面有沟棱。茎生叶通常4~5枚，有叶柄，顶生小叶与侧生小叶的形状及大小相似，小叶椭圆形或卵状披针形，边缘较整齐的锯齿。

花朵 总状花序，多花，花瓣淡紫色、紫红色，少有白色，倒卵形。

果实 长角果扁平。种子椭圆形，褐色。

应用

嫩苗可食用，植株是良好的饲料。

药用

全草药用，有消肿、补虚、利小便、止痛之效。

豆瓣菜

●科名 / 十字花科　●属名 / 豆瓣菜属
●别名 / 西洋菜、水田芥、水蔊菜、水生菜、水芥菜

Nasturtium officinale R. Br.

备注　喜生水边。

	1月	2月	3月	4月	5月	6月	7月	8月	9月	10月	11月	12月
● 花期				▬▬▬	▬▬▬							
● 果期						▬▬▬	▬▬▬					

 分布　广东、广西、贵州、云南、江苏、安徽、四川等地。

 生长环境　栽培或野生，喜生水中，水沟、山涧河边、沼泽地或水田中均可生长。

▶ 形态特征

多年生水生草本，高20~40cm。

茎叶　全珠光滑无毛。茎匍匐或浮水生，多分枝，节上生不定根。奇数羽状复叶；小叶片3~9枚，宽卵形、长圆形或近圆形，近全缘或呈浅波状。

花朵　总状花序顶生，花多数；萼片4；花瓣白色，倒卵形或宽匙形，具脉纹，长3~4mm。

果实　长角果圆柱形而扁，长1.5~2.0cm；种子每室2行，扁圆形或近椭圆形，红褐色。

应用

嫩茎叶可食用，适合炒、入火锅等。

药用

全草可药用，有解热、清肺、凉血、利尿、解毒之效。

145

高薷菜

- 科名 / 十字花科　● 属名 / 薷菜属
- 别名 / 苦菜、葶苈

Rorippa elata

	1月	2月	3月	4月	5月	6月	7月	8月	9月	10月	11月	12月
● 花期					▬	▬	▬					
● 果期							▬	▬	▬	▬		

 植株高大粗壮，结果后果序延长可达40cm。

应用

可作油料植物或食用。

药用

全草入药，内服解表健胃、止咳化痰、平喘、清热解毒消肿。

分布

陕西、青海、四川、云南及西藏东部。

生长环境

生长于高山地区阳坡草地、林下水沟边或路旁等地。

▶ **形态特征**

二年生草本，高25~100cm。

🌿 **茎叶** 茎直立粗壮。基生叶丛出，顶裂片最大，长4~7cm，宽2.0~3.5cm，长椭圆形，边缘具小圆齿，下部叶片3~5对，向下渐小；茎下部叶及中部叶也为大头羽裂或浅裂；上部叶无柄，裂片边缘具浅齿或浅裂。

✿ **花朵** 总状花序顶生或腋生，结果时延长至20~40cm，花多，黄色。

🍒 **果实** 长角果圆柱形，长1~2cm；种子每室2行，多而细小，扁卵形，灰褐色。

荠菜

●科名 / 十字花科　●属名 / 荠属
●别名 / 荠、菱角菜、地菜、鸡心菜

Capsella bursa-pastoris

备注 短角果倒三角形。

	1月	2月	3月	4月	5月	6月	7月	8月	9月	10月	11月	12月
● 花期				■	■	■						
● 果期				■	■	■						

 分布 几乎遍布全国，全世界温带地区广布。

生长环境 生在山坡、田边及路旁，偶有栽培。

▶ 形态特征

一年或二年生草本。

茎叶 基生叶丛生，莲座状，具长叶柄；叶片卵形至长卵形，长达12cm，宽达2.5cm，有毛；侧生叶宽2~20cm，较小，圆形至卵形，浅裂或具有不规则粗锯齿；茎生叶狭披针形，边缘有缺刻或锯齿。

花朵 总状花序顶生或腋生；萼片4，长圆形；花瓣白色，匙形或卵形，有短爪。

果实 短角果呈倒三角形。种子椭圆形，浅褐色。

应用

茎叶作蔬菜食用，营养丰富。

药用

全草入药，有利尿、止血、清热、明目、抗癌之效。

147

水田碎米荠

● 科名 / 十字花科　● 属名 / 碎米荠属
● 别名 / 小水田荠、水田荠

Cardamine lyrata

	1月	2月	3月	4月	5月	6月	7月	8月	9月	10月	11月	12月
● 花　期				████	████	████						
● 果　期					████	████	████					

分布 东北、西南及内蒙古、河北、河南、安徽、江苏、湖南、江西等省区。

生长环境 生长于水田边、溪边及浅水处。

▶ 形态特征

多年生草本，高30~70cm。

 茎叶 茎直立，有细长柔软的葡匐茎。生长于葡匐茎上的叶为单叶，心形或圆肾形，边缘具波状圆齿或近于全缘；茎生叶为无柄羽状复叶，小叶2~9对，顶生小叶大，圆形或卵形，侧生小叶比顶生小叶小。

花朵 总状花序顶生；花瓣白色，倒卵形，长约8mm。

果实 长角果线形，长2~3cm，种子椭圆形，边缘有显着的膜质宽翅。

应用

幼嫩的茎叶可供食用。

药用

可入药，内服煎汤：有清热凉血、明目、调经之效。

碎米荠

● 科名 / 十字花科
● 属名 / 碎米荠属

Cardamine hirsute

备注 叶柄稍扩大呈翅状。

	1月	2月	3月	4月	5月	6月	7月	8月	9月	10月	11月	12月
● 花期												
● 果期												

 分布 广布于全球温带地区，我国南北广泛分布。

 生长环境 多生长于山坡、路旁、荒地、耕地、草丛中。

▶ 形态特征

一年生小草本，高15~35cm。

茎叶 基生叶具叶柄，有小叶2~5对，顶生小叶肾形或肾圆形，边缘有3~5圆齿，侧生小叶卵形或圆形，边缘有2~3圆齿，较顶生的形小。茎生叶具短柄，有小叶3~6对。

花朵 总状花序生长于枝顶，花小，花梗纤细；萼片绿色或淡紫色，长椭圆形；花瓣白色，倒卵形。

果实 长角果线形，长达30mm。种子椭圆形。

应用

可作野菜食用，味道鲜美。

药用

全草入药，有清热解毒、祛风除湿之效。

149

岩荠

● 科名 / 十字花科　● 属名 / 岩荠属
● 别名 / 辣根菜

Cochlearia officinalis L.

	1月	2月	3月	4月	5月	6月	7月	8月	9月	10月	11月	12月
● 花期				▬								
● 果期					▬							

 分布

我国部分区域有分布。

生长环境

生长于山地、山坡、路旁，栽培于园圃菜地。

▶ **形态特征**

二年或多年生草本，高20~40cm，全株无毛。

茎叶 基生叶圆心形或肾形，长7~12mm，宽8~18mm，顶端圆钝，基部心形，全缘，叶柄长达5cm；茎下部叶和基生叶形状相同但较小，叶柄较短；茎中部叶及上部叶卵形或近圆形，长5~15mm。

花朵 总状花序；花白色，芳香；萼片宽椭圆形，花瓣倒卵形。

果实 短角果卵形或圆形；种子每室2~4个，椭圆形，红棕色。

应用

全草作野菜食用。

药用

有祛风湿、健脾胃、抗坏血病之效；又治消化不良、口腔及牙痛病。

150

芝麻菜

● 科名 / 十字花科　　● 属名 / 芝麻菜属
● 别名 / 香油罐、臭菜、芸芥、金堂葶苈

Eruca sativa Mill.

	1月	2月	3月	4月	5月	6月	7月	8月	9月	10月	11月	12月
● 花期												
● 果期												

分布 中国的东北、西北以及河北、四川等地。

生长环境 适生长于山区的农田荒地上，或向阳斜坡、草地、路边、麦田中、水沟边。

▶ 形态特征

一年生草本，高20~90cm。

茎叶 基生叶及下部叶大头羽状分裂或不裂。顶裂片近圆形或短卵形，有细齿；侧裂片卵形或三角状卵形，全缘。上部叶无柄，具1~3对裂片。

花朵 总状花序有多数疏生花，花直径1.0~1.5cm；萼片长圆形，带棕紫色；花瓣黄色，后变白色。

果实 长角果圆柱形。种子近球形，棕色，有棱角。

诸葛菜

- 科名 / 十字花科   ● 属名 / 诸葛菜属
- 别名 / 二月蓝

Orychophragmus violaceus

备注 紫色或白紫色花。

	1月	2月	3月	4月	5月	6月	7月	8月	9月	10月	11月	12月
● 花 期				■■■■	■■■							
● 果 期					■■■■	■■						

 分布 辽宁、河北、河南、山东、江苏、湖北、安徽等地。

 生长环境 生在平原、山地、路旁或地边。

▶ 形态特征

一年或二年生草本，高10~50cm，无毛。

茎叶 基生叶及下部茎生叶大头羽状全裂，长3~7cm，顶端钝，基部心形，有钝齿，侧裂片2~6对，卵形或三角状卵形；上部叶长圆形或窄卵形，长4~9cm，边缘有不整齐牙齿。

花朵 花紫色、浅红色或褪成白色，直径2~4cm；花萼筒状，紫色；花瓣宽倒卵形。

果实 长角果线形。种子卵形至长圆形，黑棕色。

应用

可为观赏植物。可食用，嫩茎叶去除苦味即可炒食。种子可榨油。

药用

全草入药，有开胃下气、利湿解毒、消肿之效。

鹅肠菜

- 科名 / 石竹科　● 属名 / 鹅肠菜属
- 别名 / 牛繁缕、鹅肠草

Myosoton aquaticum

	1月	2月	3月	4月	5月	6月	7月	8月	9月	10月	11月	12月
● 花 期					■	■	■	■				
● 果 期						■	■	■	■			

 分布 我国南北各省。

 生长环境 生长于海拔350~2700m的河流两旁冲积沙地的低湿处或灌丛林缘和水沟旁。

▶ 形态特征

多年生草本，长达80cm。

🌿 **茎叶** 叶对生，卵形，先端尖，基部近圆或稍心形，边缘波状；叶柄长0.5~1.0cm，上部叶常无柄。

🌸 **花朵** 花白色，1歧聚伞状花序顶生或腋生，苞片叶状，边缘具腺毛。花瓣5，2深裂至基部，裂片披针形，长3.0~3.5mm。

🍒 **果实** 蒴果卵圆形，5瓣裂至中部。种子扁肾圆形。

应用

可作野菜食用。

药用

全草供药用，驱风解毒，外敷治疖疮。

麦瓶草

- 科名 / 石竹科　　● 属名 / 蝇子草属
- 别名 / 净瓶、米瓦罐、香炉草、梅花瓶、面条菜

Silene conoidea

	1月	2月	3月	4月	5月	6月	7月	8月	9月	10月	11月	12月
● 花期												
● 果期												

备注 整多花呈花瓶状。

应用

幼苗可当野菜食用，味道鲜美。

药用

全草药用，有养阴、和血、清热之效，适用于治疗吐血、虚弱咳嗽和月经不调等症状。

分布

黄河流域和长江流域各省区，西至新疆和西藏。

生长环境

常生长于麦田中或荒地草坡。

▶ **形态特征**

一年生草本，高25~60cm。

茎叶 基生叶片匙形，茎生叶叶片长圆形或披针形，长5~8cm，宽5~10mm。

花朵 二歧聚伞状花序具数花，一般有花5~10朵。花直立，直径约20mm；花萼圆锥形，绿色，萼筒在结果时基部膨大，呈卵形，上部狭缩如瓶状；花瓣5，淡红色，瓣片倒卵形。

果实 蒴果梨状，长约15mm，直径6~8mm；种子肾形，长约1.5mm，暗褐色。

莼菜

- 科名 / 睡莲科　　● 属名 / 莼属
- 别名 / 水案板

Brasenia schreberi

	1月	2月	3月	4月	5月	6月	7月	8月	9月	10月	11月	12月
● 花期						▬						
● 果期										▬▬▬		

分布　江苏、浙江、江西、湖南、四川、云南。

生长环境　生在池塘、河湖或沼泽。适温为20~30℃。

▶ 形态特征

多年生水生草本。

茎叶　叶椭圆状矩圆形，下面蓝绿色，两面无毛，从叶脉处皱缩；叶柄和花梗均有柔毛。

花朵　花直径1~2cm，暗紫色；花梗长6~10cm；萼片及花瓣条形，先端圆钝；花药条形，约长4mm；心皮条形，具微柔毛。

果实　坚果矩圆卵形，有3个或更多成熟心皮；种子1~2，卵形。

应用

可食用，作蔬菜。

药用

多用作药羹。

食用双盖蕨

● 科名 / 蹄盖蕨科　● 属名 / 双盖蕨属
● 别名 / 过沟菜蕨、菜蕨、山凤尾、过猫

Diplazium esculentum

	1月	2月	3月	4月	5月	6月	7月	8月	9月	10月	11月	12月
● 花期												
● 果期												

 分布 江西、浙江、华南沿海及贵州、四川、云南诸省。

 生长环境 常生长于山谷林下湿地及河沟边、水边湿地。

▶ 形态特征

多年生草本，丛生。

茎叶 叶坚草质，叶片三角形或阔披针形，长60~80cm，宽30~60cm。幼时为一回羽状复叶，成叶可达3回羽状。羽片12~16对，互生，斜展，下部的有柄，阔披针形，长16~20cm；小羽片8~10对，互生，狭披针形，长4~6cm，阔6~10mm。

果实 孢子囊群多数，线形，几生长于全部小叶脉上，黄褐色。

应用

嫩叶可作野菜食用，适合炒或煮。

药用

有固胃利尿、解热、清热解毒、散结之效。

磨芋

- 科名 / 天南星科　● 属名 / 磨芋属
- 别名 / 魔芋、蒟蒻、蒻头、鬼芋、南星、天南星、花梗莲、花杆莲

Amorphophallus rivieri

备注　全株有毒，以块茎为最，不可直接食用。

	1月	2月	3月	4月	5月	6月	7月	8月	9月	10月	11月	12月
● 花 期				▬▬	▬▬	▬▬						
● 果 期								▬▬	▬▬			

分布　陕西、宁夏、甘肃至长江流域以南各地。

生长环境　生长于疏林下、林缘或溪谷两旁湿润地，或栽培。

▶ 形态特征

多年生草本。

茎叶　叶片绿色，3裂，1次裂片具长50cm的柄，二歧分裂，2次裂片二回羽状分裂或二回二歧分裂。

花朵　花序柄长50~70cm；佛焰苞漏斗状。肉穗花序比佛焰苞长1倍，雌花序圆柱形，长约6cm，粗约3cm，紫色；雄花序长约8cm，粗约2cm。

果实　浆果球形或扁球形。

应用

块茎可加工成磨芋豆腐供食。可加工成多种工业原料。

药用

块茎入药，有化痰消积、解毒散结、行瘀止痛之效。

辽东楤木

- 科名 / 五加科　　● 属名 / 楤木属
- 别名 / 虎阳刺、龙牙楤木、刺龙牙、刺老鸦

Aralia elata

	1月	2月	3月	4月	5月	6月	7月	8月	9月	10月	11月	12月
● 花 期						▬	▬	▬				
● 果 期									▬	▬		

 分布　黑龙江、吉林、和辽宁。

生长环境　生长于海拔1000m左右的山地森林、沟谷中。

▶ 形态特征

灌木或小乔木，高1.5~6.0m，树皮灰色。

 茎叶　叶为二回或三回羽状复叶，长40~80cm；羽片有小叶7~11；小叶片薄纸质或膜质，阔卵形至椭圆状卵形，长5~15cm，宽2.5~8.0cm，基部圆形至心形，正面绿色，背面灰绿色，边缘疏生锯齿。

花朵　伞形花序直径1.0~1.5cm；花黄白色；花瓣5，与萼片等长，卵状三角形，开花时反曲。

应用

嫩芽为食用部分，是"美味山珍"。

药用

可入药，有益气补肾、祛风利湿、活血止痛之效。

刺五加

● 科名 / 五加科　● 属名 / 五加属
● 别名 / 坎拐棒子、一百针、老虎潦、刺拐棒

Acanthopanax senticosus

	1月	2月	3月	4月	5月	6月	7月	8月	9月	10月	11月	12月
● 花期						▬	▬					
● 果期								▬	▬	▬		

 分布 黑龙江、吉林、辽宁、河北和山西。

 生长环境 生长于林下、林缘或灌丛。

▶ 形态特征

灌木，分枝多，密生刺。

茎叶 掌状复叶互生，叶有小叶5片，小叶片纸质，椭圆状倒卵形或长圆形，正面粗糙，深绿色，背面淡绿色，边缘有锐利重锯齿。叶柄常疏生细刺。

花朵 伞形花序单个顶生，或2~6个组成稀疏的圆锥状花序，有花多数；花紫黄色，花瓣卵形。

果实 果实近球形，黑色，浆果状。种子扁平。

应用

嫩芽叶可作野菜食用；种子可泡茶，有助睡眠。

药用

益气健脾，补肾安神，用于脾肾阳虚、体虚乏力、失眠多梦。

凹头苋

- 科名 / 苋科　● 属名 / 苋属
- 别名 / 野苋菜、光苋菜、野苋

Amaranthus lividus

	1月	2月	3月	4月	5月	6月	7月	8月	9月	10月	11月	12月
● 花期												
● 果期												

应用

嫩茎也可作为野菜。茎叶可作猪饲料。

药用

全草入药，有清热解毒、缓和止痛、利湿之效，用于肠炎、痢疾、痔疮；种子有明目的功效。

分布

除内蒙古、宁夏、青海、西藏外，全国南北广泛分布。

生长环境

生在农田、地埂、荒地、田野、路边、村边杂草地上。

▶ **形态特征**

一年生草本，高10~30cm，全体无毛。

茎叶 茎伏卧上升，淡绿色或紫红色。叶片卵形或菱状卵形，长1.5~4.5cm，宽1~3cm，全缘或稍呈波状。

花朵 花小；成腋生花簇，或成顶生穗状花序或圆锥状花序；苞片及小苞片矩圆形，果熟时脱落；花被片矩圆形或披针形，长1.2~1.5mm，淡绿色，顶端急尖，边缘内曲。

果实 胞果扁卵形；种子环形，黑色至黑褐色，边缘具环状边。

刺苋

- 科名 / 苋科　　● 属名 / 苋属
- 别名 / 笋苋菜、勒苋菜、猪母菜、土苋菜

Amaranthus spinosus L.

	1月	2月	3月	4月	5月	6月	7月	8月	9月	10月	11月	12月
● 花 期							■	■	■	■		
● 果 期							■	■	■	■		

分布 全国大部分地区有分布。

生长环境 喜生长于干燥荒地、草丛、山坡或园圃。

▶ 形态特征

一年生草本，高30~100cm。

 **茎叶** 茎直立，圆柱形或钝棱形，绿色或带紫色，无毛或稍有柔毛。叶片菱状卵形或卵状披针形，长3~12cm，宽1.0~5.5cm，全缘。

 **花朵** 圆锥状花序腋生及顶生，长3~25cm；花小，绿色或绿白色；花被片顶端急尖，边缘透明，中脉绿色或带紫色。

果实 胞果矩圆形，长1.0~1.2mm；种子近球形，直径约1mm，黑色或带棕黑色。

应用

嫩茎叶作野菜食用。

药用

全草入药，有清热解毒、利湿、散血消肿之效，用于缓解痢疾、浮肿等症状。

反枝苋

- 科名 / 苋科　●属名 / 苋属
- 别名 / 粗穗绿苋、西风谷、野苋菜

Amaranthus retroflexus

	1月	2月	3月	4月	5月	6月	7月	8月	9月	10月	11月	12月
● 花期							████	████				
● 果期								████	██			

分布 东北、华北、西北及山东、台湾、河南等地。

生长环境 生长于旷野、田间或农地旁、村舍附近的草地上，有时生在瓦房上。

▶ 形态特征

一年生草本，高20~80cm，有时达1m。

茎叶 叶柄长1.5~5.5cm，淡绿色，有时淡紫色，有柔毛。叶片菱状卵形或椭圆状卵形，长5~12cm，宽2~5cm，全缘或波状缘，两面和边缘有柔毛。

花朵 圆锥状花序顶生及腋生，直立，由多数穗状花序形成；花被片5，白色，长2.0~2.5mm，薄膜质。

果实 胞果扁卵形，淡绿色；种子近球形，棕色。

应用

嫩茎叶为野菜，营养丰富。

药用

全草或根药用，有清热明目、通利二便、收敛消肿、解毒抗炎等功效。

162

牛膝

● 科名 / 苋科　● 属名 / 牛膝属
● 别名 / 牛磕膝、怀牛膝、牛盖膝

Achyranthes bidentata

	1月	2月	3月	4月	5月	6月	7月	8月	9月	10月	11月	12月
● 花 期							▬▬▬	▬▬▬	▬▬▬			
● 果 期								▬▬	▬▬▬			

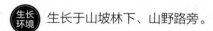　除东北以外的全国广大地区。

生长环境　生长于山坡林下、山野路旁。

▶ 形态特征

多年生草本高70~120cm。

🌿 **茎叶** 叶椭圆状披针形，长4~15cm，先端渐尖，基部楔形，全缘，两面有柔毛。叶柄长1~3cm。

✿ **花朵** 穗状花序顶生或腋生；花多数，密生；花被片披针形，长3~5mm，光亮，花黄绿色，苞片宽卵形，萼片5，雄蕊5。

🍒 **果实** 胞果长圆形，黄褐色。种子矩圆形，长1mm，黄褐色。

应用

幼苗和嫩叶可作野菜食用，适合凉拌、炒食或做汤。

药用

以根入药，有活血祛瘀、补肝肾、强筋骨、利尿通淋之效。

青葙

●科名 / 苋科　●属名 / 青葙属
●别名 / 野鸡冠花、鸡冠花、百日红、狗尾草、昆仑草、鸡冠苋

Celosia argentea L.

	1月	2月	3月	4月	5月	6月	7月	8月	9月	10月	11月	12月
● 花 期					▬	▬	▬	▬				
● 果 期							▬	▬	▬			

 分布

我国大部分地区。

生长环境

野生或栽培，生长于较湿润的平原荒野、田间路边、沙丘丘陵、山坡山沟等。

▶ 形态特征

一年生草本，高0.3~1.0m。

茎叶 茎直立，绿色或红色，具明显条纹。叶互生，披针形或披针状条形，绿色常带红色，长5~8cm，顶端长尖，全缘。

花朵 穗状花序长3~10cm，呈圆柱形或圆锥形，无分枝，生在茎端或枝端；苞片及小苞片披针形，光亮；花多数，密生，初开时淡红色，后变银白色。

果实 胞果卵球形，盖裂；种子扁圆形，黑色，有光泽。

应用

可供观赏；嫩茎叶浸去苦味后，可作野菜食用。

药用

种子供药用，有清热明目之效。

皱果苋

- 科名 / 苋科 　● 属名 / 苋属
- 别名 / 白苋、绿苋、猪苋、细苋

Amaranthus viridis L.

	1月	2月	3月	4月	5月	6月	7月	8月	9月	10月	11月	12月
● 花 期						▬▬	▬	▬▬				
● 果 期								▬▬	▬▬	▬		

分布

华南、华北、华东、东北及云南、陕西、江西。

生长环境

生在村落房屋附近的杂草地上或田野间。

▶ **形态特征**

一年生草本，高40~80cm，植株无毛。

 茎叶 茎直立，有不明显棱角，稍有分枝，绿色或带紫色。单叶互生，叶片卵形或卵状长圆形，长3~9cm，宽2.5~6cm，全缘或微呈波状缘。

花朵 穗状花序组成顶生圆锥状花序，长6~12cm；苞片及小苞片披针形；花被3片，长圆形或宽倒披针形，长1.2~1.5mm，膜质。

果实 胞果扁球形，直径约2mm，绿色。种子近球形，黑色或黑褐色。

应用

嫩茎叶可作野菜食用，可炒食、凉拌、做汤。

药用

全草入药，有清热解毒、消肿止痛、利尿之效，用于细菌性痢疾、乳腺炎、肠炎、痔疮等症状。

香蒲

● 科名 / 香蒲科　● 属名 / 香蒲属
● 别名 / 蒲草、水蜡烛、狭叶香蒲、水烛香蒲

Typha angustifolia Linn.

	1月	2月	3月	4月	5月	6月	7月	8月	9月	10月	11月	12月
● 花 期						▬	▬	▬	▬			
● 果 期						▬	▬	▬	▬			

 备注 花果穗蜡烛状。

分布

华北、华东、华南等地区。

生长环境

生长于湖泊、沼泽、河流、池塘浅水处。

▶ 形态特征

多年生水生或沼生草本。

 茎叶 地上茎直立，粗壮，高1.5~2.5m。叶片长54~120cm，宽0.4~0.9cm，上部扁平，中部以下腹面微凹，背面向下逐渐隆起呈凸形；叶鞘抱茎。

✿ 花朵 花薹顶端生出肉穗花序；花单性，多数而微小，密集成圆柱状的穗状花序，分为粗细两段，细者在上，为雄花，粗者在下，为雌花，粗细之间尚有一极短的轴，雌花序粗大，长15~30cm。

🍒 果实 小坚果长椭圆形，种子深褐色，长1.0~1.2mm。

应用

假茎白嫩部分和地下匍匐茎尖端的幼嫩部分（可以食用）。叶片用于编织、造纸等。

药用

花粉入药，有活血化淤、止血镇痛、通淋之效。

小香蒲

● 科名 / 香蒲科
● 属名 / 香蒲属

Typha minima Funk.

	1月	2月	3月	4月	5月	6月	7月	8月	9月	10月	11月	12月
● 花 期					▬▬▬	▬▬▬	▬▬▬	▬▬▬				
● 果 期					▬▬▬	▬▬▬	▬▬▬	▬▬▬				

分布

黑龙江、吉林、辽宁、内蒙古、河北、河南、山东、山西、陕西、甘肃、新疆、湖北、四川等省区。

生长环境

生长于池塘、水泡子、水沟边浅水处。

▶ **形态特征**

多年生沼生或水生草本。

 茎叶 叶基生，鞘状，叶片细线形，长15~40cm，宽1~2mm，短于花葶，叶鞘边缘膜质，叶耳向上伸展，长0.5~1.0cm。

花朵 穗状花序呈蜡烛状。雌雄花序远离，雄花序长3~8cm；雌花序长1.6~4.5cm。叶状苞片明显宽于叶片。雄花无被；雌花具小苞片。

果实 小坚果椭圆形，纵裂，果皮膜质。种子黄褐色，椭圆形。

应用

宜作花境、水景背景材料；也可盆栽布置庭院；可用于造纸；叶可用于编织；嫩芽可食用。

药用

花粉入药，有止血、化瘀、止心腹诸痛之效。

打碗花

- 科名 / 旋花科　● 属名 / 打碗花属
- 别名 / 小旋花、喇叭花、面根藤、燕覆子、旋花苦蔓、盘肠参

Calystegia hederacea Wall.ex.Roxb.　　备注 花冠淡紫色或淡红

	1月	2月	3月	4月	5月	6月	7月	8月	9月	10月	11月	12月
● 花期												
● 果期												

分布 全国各地从平原到高原广泛分布。

生长环境 多生长于农田、平原、荒地及路旁。

▶ 形态特征

一年生草本，植株通常矮小，高8~30cm。

茎叶 基部叶片长圆形，长2~3.5cm，宽1.0~2.5cm，顶端圆，基部戟形，上部叶片3裂，中裂片长圆形或长圆状披针形，全缘或2~3裂。

花朵 花单生于叶腋；苞片宽卵形；花冠淡紫色或淡红色，钟状，长2~4cm，冠檐近截形或微裂。

果实 蒴果卵球形，长约1cm，宿存萼片与之近等长或稍短。

应用

嫩茎叶可作蔬菜，花也可食用；亦可作为绿篱及绿雕草坪及地被。

药用

根状茎及花入药，健脾益气、利尿、调经，有治脾虚消化不良、月经不调、乳汁稀少之效。

番薯

- 科名 / 旋花科　　● 属名 / 番薯属
- 别名 / 地瓜、甜薯、红薯、甘薯、红山药、朱薯、金薯、番茹、红苕

Ipomoea batatas

	1月	2月	3月	4月	5月	6月	7月	8月	9月	10月	11月	12月
● 花期				▬	▬	▬						
● 果期							▬	▬	▬			

 分布　现我国各地均有栽培。

 生长环境　除喜温不耐寒外，适应性强，适合栽培于我国大部分地区。

▶ 形态特征

一年生草本。地下部分具椭圆形或纺锤形的块根。

茎叶　茎平卧或上升，多分枝，圆柱形或具棱，绿或紫色。单叶互生；叶柄长2.5~20.0cm；叶片形状、颜色因品种不同而异，通常为宽卵形，长4~13cm，宽3~13cm，全缘或3~5裂。

花朵　聚伞状花序腋生，有花1~7朵；花冠粉红色、白色、淡紫色，或紫色，钟状或漏斗状。

果实　蒴果，通常少见。

应用

重要粮食作物，块根可作主粮，适合炸、煎、烤、蒸、煮，也是食品加工、淀粉和酒精制造工业的重要原料。嫩茎叶可为蔬菜，营养丰富。

药用

块根补中和血，有益气生津、宽肠胃、通便秘之效。

169

蕹菜

● 科名 / 旋花科　● 属名 / 番薯属
● 别名 / 空心菜、通菜蓊、蓊菜、藤藤菜、通菜

Ipomoea aquatica Forsk.

	1月	2月	3月	4月	5月	6月	7月	8月	9月	10月	11月	12月
● 花 期							■■■	■■■	■■■			
● 果 期								■■■	■■■	■■■		

分布 我国中部及南部各省常见，北方比较少。

生长环境 生长于气候温暖湿润、土壤肥沃多湿的地方。

▶ 形态特征

一年生草本，蔓生或漂浮于水。

茎叶 茎圆柱形，有节，节间中空，节上生根。叶片形状、大小有变化，长卵形、长卵状披针形或披针形，全缘或波状。

花朵 聚伞状花序腋生，花序梗长1.5~9.0cm，具1~3朵花；花冠白色、淡红色或紫红色，漏斗状，长3.5~5.0cm。

果实 蒴果卵球形，直径约1cm，无毛。种子密被短柔毛或有时无毛。

应用

可作蔬食。

药用

可入药，内服解饮食中毒，外敷治骨折、腹水及无名肿毒。

狭叶荨麻

● 科名 / 荨麻科　● 属名 / 荨麻属
● 别名 / 螫麻子、小荨麻、哈拉海

Urtica angustifolia Fisch. ex Hornem

	1月	2月	3月	4月	5月	6月	7月	8月	9月	10月	11月	12月
● 花 期												
● 果 期												

分布

黑龙江、吉林、辽宁、内蒙古、山东、河北和山西。

生长环境

生长于山地、林边、河谷溪边或沟边等潮湿处。

▶ 形态特征

多年生草本，高达150cm。

茎叶 单叶对生；叶柄长8~17mm；托叶线形，分离；叶片披针形，长4~12cm，边缘有粗锯齿，齿尖朝向叶的先端。

花朵 雌雄异株，圆锥状花序，有时分枝短而少近穗状。雄花直径约2mm，花被4，雄蕊4，雌花较雄花小，花被片4，果期增大。子房长圆形，柱头画笔头状。

果实 瘦果卵形，长约1mm，包于宿有的花被内。

应用

幼嫩茎叶可鲜食、炒食、凉拌、酱菜、烹调等。

药用

全草入药，有祛风定惊、消食通便、解毒抗炎之效。

171

苎麻

●科名 / 荨麻科　●属名 / 苎麻属
●别名 / 野麻、野苎麻、家麻、苎仔、青麻、白麻

Boehmeria nivea (L.) Gaudich.

	1月	2月	3月	4月	5月	6月	7月	8月	9月	10月	11月	12月
● 花期								▬	▬	▬		
● 果期										▬		

分布 云南、贵州、广西、广东、福建、江西、台湾、浙江、湖北、四川等地。

生长环境 生长于山谷林边或草坡，海拔200~1700m处。

▶ 形态特征

亚灌木或灌木，高0.5~1.5m。

 茎叶 叶互生；叶片草质，通常圆卵形或宽卵形，少数卵形，边缘在基部之上有牙齿；托叶分生，钻状披针形，背面被毛。

花朵 圆锥状花序腋生；雄团伞状花序直径1~3mm，有少数雄花；雌团伞状花序直径0.5~2.0mm。

果实 瘦果近球形，光滑，基部突缩成细柄。

榆钱

- 科名 / 榆科 ● 属名 / 榆属
- 别名 / 榆实、榆子、榆仁、榆荚仁、白榆、榆树巧儿

Ulmus pumila L.

备注 翅果呈圆形，很像古钱币，故名"榆钱"。

	1月	2月	3月	4月	5月	6月	7月	8月	9月	10月	11月	12月
● 花期			▬▬▬	▬▬▬	▬▬▬							
● 果期			▬▬▬	▬▬▬	▬▬▬							

分布 东北、华北、西北、华东及西南各省区。

生长环境 海拔1000~2500m以下的山坡、山谷、平地、丘陵等地，为村野常见树木。

▶ 形态特征

榆树是落叶乔木，高可达25m，贫瘠地可呈灌木状。幼树树皮平滑，大树树皮粗糙，呈暗灰色，具有深纵裂。

 茎叶 叶椭圆状卵形或卵状披针形，侧脉每边9~16条，边缘具重锯齿或单锯齿，正面平滑无毛，背面幼时有短柔毛。

 果实 翅果近圆形，长1.2~2.0cm，嫩时淡绿色，后白黄色。

应用

良好木材来源。嫩翅果适于煮粥、笼蒸、做馅、凉拌等，嫩叶和树皮也可食用。

药用

树皮、叶及翅果均可药用，安神健脾、利小便。

173

凤眼蓝

- 科名 / 雨久花科　　● 属名 / 凤眼蓝属
- 别名 / 凤眼莲、水浮莲、水葫芦、水莲花

Eichhornia crassipes

	1月	2月	3月	4月	5月	6月	7月	8月	9月	10月	11月	12月
● 花　期							■	■	■	■		
● 果　期								■	■	■		

 分布 现广布于我国长江、黄河流域及华南各省。

 生长环境 生长于河湖、水塘、泥沼、沟渠及稻田中。

▶ 形态特征

多年生浮水或泥沼草本，高30~60cm。

茎叶 叶柄长或短，中下部有膨大如葫芦状的气囊；叶莲座状排列，一般5~10片；叶片宽卵形、宽菱形或圆形，全缘，表面深绿色，光亮，质地厚实。

花朵 穗状花序有花6~12朵；花被裂片6枚，花瓣状，卵形、长圆形或倒卵形，紫蓝色；花冠略两侧对称，上面一枚较大，蓝色。

果实 蒴果包藏于花被管内。种子卵形，有纵棱。

应用

嫩叶及叶柄可作蔬菜，清香爽口。全株可作家畜、家禽饲料。

药用

全株入药，有清凉解毒、利尿消肿、除湿祛风热等功效。

紫萁

- 科名 / 紫萁科
- 属名 / 紫萁属

Osmunda japonica Thunb.

	1月	2月	3月	4月	5月	6月	7月	8月	9月	10月	11月	12月
● 花 期												
● 果 期												

 分布

北起山东，南达两广，东自海边，西迄云、贵、川西，向北至秦岭南坡。

生长环境

生长于林下或溪边酸性土上。

备注 为我国暖温带、亚热带最常见的一种蕨类。

▶ 形态特征

植株高50~80cm或更高。

茎叶 根状茎短粗，或成短树干状而稍弯。叶簇生，直立；叶片为三角广卵形，顶部一回羽状，其下为二回羽状；羽片3~5对，对生，长圆形，基部一对稍大，有柄（柄长1.0~1.5cm），斜向上，奇数羽状；小羽片5~9对，对生或近对生，无柄，分离，长圆形或长圆披针形，边缘有均匀的细锯齿。

果实 小羽片变成线形，长1.5~2.0cm，沿中肋两侧背面密生孢子囊。

应用

嫩叶可食。铁丝状的须根为附生植物的培养剂。

野果

Wild fruit

Chapter

2

丽江云杉

- 科名 / 松科 　● 属名 / 云杉属
- 别名 / 丽江杉

Picea likiangensis (Franch.) Pritz.

	1月	2月	3月	4月	5月	6月	7月	8月	9月	10月	11月	12月
● 花 期												
● 果 期												

 分布 云南西北部、四川西南部。

生长环境 生长于海拔2500~3800m的气候温暖湿润的酸性土高山地带。

▶ 形态特征

乔木，高达50m；树皮深灰色或暗褐灰色，深裂。

茎叶 冬芽圆锥形、卵状圆锥形或圆球形，有树脂，芽鳞褐色，排列紧密。叶棱状条形或扁四棱形，直或微弯，长0.6~1.5cm，宽1~1.5mm。

果实 球果卵状矩圆形或圆柱形，成熟前种鳞红褐色，熟时褐色、紫褐色或黑紫色，长7~12cm，直径3.5~5.0cm；种子灰褐色近卵圆形，种翅倒卵状椭圆形，淡褐色。

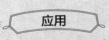

应用

木材坚韧，纹理致密、材质优良。枝果优美，适合园林和插花。

山菅

- 科名 / 百合科 · 属名 / 山菅属
- 别名 / 老鼠砒、山交剪

Dianella ensifolia (L.) DC.

备注 本物种有毒。

	1月	2月	3月	4月	5月	6月	7月	8月	9月	10月	11月	12月
● 花期			▬	▬	▬	▬	▬	▬				
● 果期			▬	▬	▬	▬	▬	▬				

分布 西南和浙江、江西、福建、广东、海南、广西等地。

生长环境 生长于海拔 1700m 以下的林下、山坡或草丛中。

▶ 形态特征

多年生常绿草本，高1~2m。

茎叶 叶基生或茎生，二列；叶片线形或线状披针形，长30~60cm，宽1.0~2.5cm，边缘有锯齿。

花朵 顶生圆锥状花序，长10~30cm；苞片小，线状；花被片6，离生，2轮排列，绿白色、淡黄色或青紫色，狭椭圆形或狭披针形，长6~7mm。

果实 浆果近球形，深蓝色。种子5~6枚，黑色。

应用

叶片细长、果实颜色别致，可用作园林观赏。

药用

根茎入药，可拔毒消肿、散瘀止痛；磨干粉，调醋外敷，可治痈疮脓肿、淋巴结炎、癣、跌打损伤等病症。

大头续断

- 科名 / 川续断科 · 属名 / 川续断属
- 别名 / 中华续断、大花断续

Dipsacus chinensis Bat.

	1月	2月	3月	4月	5月	6月	7月	8月	9月	10月	11月	12月
● 花 期							▬	▬				
● 果 期									▬	▬		

 分布

云南、四川、西藏和青海等省区。

生长环境

生长于林下、沟边和草坡地。

▶ 形态特征

多年生草本，高1~2m；主根粗壮，红褐色。

茎叶 茎中空，向上分枝，具8纵棱，棱上具疏刺。茎生叶对生；叶片宽披针形，长达25cm，宽7cm，成3~8裂，顶端裂片大，卵形，两面被黄白色粗毛。

花朵 头状花序圆球形，单独顶生或三出，直径4.0~4.9cm，总苞片线形，被黄白色粗毛；小苞片披针形或倒卵状披针形；花冠管长10~14mm，基部细管明显，长5~6mm，4裂，裂片不相等。

果实 瘦果窄椭圆形，被白色柔毛，顶端外露。

应用

外形奇特，可用于观赏，富有野趣。

药用

根和果实入药，有补肝肾、行血脉、续筋骨之效。

粗糠柴

- 科名 / 大戟科　　· 属名 / 野桐属
- 别名 / 香桂树、新妇木、吕宋楸毛、红果、香檀

Mallotus philippensis (Lam.) Muell.-Arg.

	1月	2月	3月	4月	5月	6月	7月	8月	9月	10月	11月	12月
● 花期												
● 果期												

分布

江苏、安徽、浙江、福建、江西、湖北、湖南、广东、海南、广西、贵州、云南、四川、陕西、西藏及台湾。

生长环境

生长于海拔300~1600m的山地林中或林缘。

▶ 形态特征

常绿乔木，高达18m。

 茎叶 茎黑褐色或灰棕色，无毛。叶互生，近革质，卵形、长圆形或卵状披针形，长5~18cm。

花朵 总状花序顶生或腋生；花单性，黄绿色，无花瓣。雄花序长3~8cm，雄花苞片卵形，雌花序长3~8cm，苞片卵形。

果实 果序长达16cm，蒴果扁球形，直径6~8mm，密被红色颗粒状腺体和粉末状毛。种子球形，黑色，平滑。

 备注 果实有毒，不能食用。

应用

种子的油可作工业用油；也可作观赏植物。

药用

果实的腺毛、毛茸，用于绦虫病、蛔虫病、蛲虫病；根可治湿热痢疾、咽喉肿痛。

181

木油桐

- 科名 / 大戟科 - 属名 / 油桐属
- 别名 / 木油树、山桐、千年桐、皱果桐

Vernicia montana Lour.

	1月	2月	3月	4月	5月	6月	7月	8月	9月	10月	11月	12月
● 花 期			▬▬▬▬▬▬▬▬									
● 果 期								▬▬▬▬▬				

分布 浙江、江西、福建、台湾、湖南、广东、海南、广西、贵州、云南等省区。

生长环境 生长于阳光充足处、低山丘陵地带或疏林中，多栽培。

▶ 形态特征

落叶乔木，高达20m。

茎叶 叶宽卵形，长8~20cm，全缘或2~5浅裂，掌状脉5；叶柄无毛，长7~17cm。

花朵 雌雄异株或同株异序；花瓣白色或基部紫红色，有紫红脉纹；雄花序伞房状聚伞状花序，雄蕊2轮；雌花序伞房状总状花序。

果实 核果卵球状。种子，扁球形，种皮厚，有疣突。

应用

工业油料植物，果壳可制作活性炭。枝叶浓密、花开美丽，可作园景树。

药用

根，有消积驱虫、祛风利湿之效；种子，可消肿解毒、拔脓生肌、吐风痰；花，清热解毒，生肌。

巴豆

· 科名 / 大戟科   · 属名 / 巴豆属
· 别名 / 巴菽、双眼龙、刚子、老阳子、巴仁、猛子仁

Croton tiglium L.

	1月	2月	3月	4月	5月	6月	7月	8月	9月	10月	11月	12月
● 花期												
● 果期												

分布

湖南、湖北、四川、广东、广西、福建、云南、贵州、浙江、江苏、台湾。

生长环境

生长于山野、丘陵、溪边、村旁或山地疏林中，多栽培。

▶ 形态特征

小乔木或灌木。

🌿 **茎叶** 单叶互生；叶柄长2~6cm；叶卵形或长圆状卵形，长5~15cm，宽2.5~8.0cm，有时近全缘。

✿ **花朵** 总状花序顶生，上部着生雄花，下部着生雌花，亦有全为雄花者；苞片钻状，长2mm。雄花较小，绿色，花萼5深裂，萼片卵形，花瓣5，反卷，长圆形；雌花无花瓣。

🍒 **果实** 蒴果长圆形，长约2mm。种子长卵形，淡黄褐色。

备注 本物种毒性较大，巴豆油是剧烈泻药。

应用

枝、叶可做成杀虫剂。种子含巴豆油，用途广泛。

药用

种子供药用，有温肠泻寒积、逐水消肿、杀虫之效，外用治恶疮疥癣。

续随子

- 科名 / 大戟科
- 属名 / 大戟属
- 别名 / 千金子

Euphorbia lathytris

	1月	2月	3月	4月	5月	6月	7月	8月	9月	10月	11月	12月
● 花期												
● 果期												

应用

种子含油量高达50%，可制肥皂和润滑油。

药用

种子亦可入药，具利尿、泻下和通经作用，外用治癣疮类。

分布

我国华北、华中、华南和西南等地区。

生长环境

喜温暖、光照及中生环境，生长于水田、低湿旱田及地边。

▶ **形态特征**

二年生草本，全株无毛。根柱状，长20cm以上。

茎叶 茎直立，基部单一，略带紫红色，顶部二歧分枝，灰绿色，高可达1m。叶交互对生，于茎下部密集，于茎上部稀疏，线状披针形，长6~10cm，宽4~7mm，先端渐尖或尖，基部半抱茎，全缘；侧脉不明显。

花朵 花序单生，近钟状，高约4mm，直径3~5mm。

果实 种子柱状至卵球状，褐色或灰褐色。

油桐

- 科名 / 大戟科
- 属名 / 桐油属
- 别名 / 桐油树、三年桐、桐子树、罂子桐、虎子桐

Vernicia fordii

	1月	2月	3月	4月	5月	6月	7月	8月	9月	10月	11月	12月
● 花期			■	■								
● 果期								■	■			

分布

我国华东、华中、华南以及西南等地区。

生长环境

生长于海拔较低的丘陵山地、山坡山麓和沟旁，多栽培。

▶ 形态特征

落叶乔木，高达9m。

 茎叶 单叶互生；叶片革质，卵圆形、卵状心形，长8~18cm，宽6~15cm，先端渐尖，基部楔形或心形，全缘，有时1~3浅裂。

花朵 花雌雄同株，单性，先叶或与叶同时开放，排列于枝端成圆锥状花序；花瓣5，白色，具橙红色斑点与条纹，倒卵形。雄花具雄蕊8~20，排列成2轮，上端分离；雌花子房3~5室，每室1胚珠，花柱2裂。

果实 核果近球形，外表光滑。

应用

重要的工业油料植物，制造油漆和涂料桐。

药用

花，可清热解毒、生肌；根，有消积驱虫、祛风利湿之效。

余甘子

- 科名 / 大戟科　　・属名 / 叶下珠属
- 别名 / 油甘子、望果、滇橄榄、橄榄、喉甘子

Phyllanthus emblica

	1月	2月	3月	4月	5月	6月	7月	8月	9月	10月	11月	12月
● 花 期				███	███	███						
● 果 期							███	███	███			

 分布 四川、贵州、云南、福建、台湾、海南、广东、广西等地。

 生长环境 生长于山地疏林、灌丛、荒地或山沟向阳处。

▶ 形态特征

乔木，树皮浅褐色。

🌿 茎叶 叶片纸质至革质，二列密生，线状长圆形，长8~20mm，宽2~6mm，正面绿色、背面浅绿色。

❁ 花朵 腋生聚伞状花序，有多朵雄花和1朵雌花或全为雄花，萼片6枚。雄花萼片膜质，黄色，长倒卵形或匙形，雄蕊3；雌花，花盘杯状。

🍒 果实 蒴果呈核果状，圆球形，直径约1.3cm，外果皮肉质，绿白色，内果皮硬壳质；种子略带红色。

应用

果实初食味酸涩，良久乃甘，故名"余甘子"，营养丰富。种子可榨油，供制肥皂。

药用

果实入药，有清热凉血、消食健脾、生津止咳、润肺化痰之效。

大叶冬青

- 科名 / 冬青科 · 属名 / 冬青属
- 别名 / 宽叶冬青、大苦酊、波罗树

Ilex latifolia

	1月	2月	3月	4月	5月	6月	7月	8月	9月	10月	11月	12月
● 花期				▬								
● 果期									▬▬▬	▬		

 分布 江苏、安徽、浙江、江西、福建、河南、湖北、广西及云南等省区。

生长环境 生长于海拔250~1500m的山坡杂林、灌丛或竹林。

▶ 形态特征

常绿大乔木，高达20m，胸径60cm；树皮灰黑色。

✅ **茎叶** 叶生长于1~3年生枝上，厚革质，长圆形或卵状长圆形，长8~19cm，宽4.5~7.5cm，边缘具疏锯齿，叶面深绿色光泽，背面淡绿色。

✿ **花朵** 聚伞状花序组成假圆锥状花序生长于叶腋，花淡黄绿色。雄花：花萼近杯状，4浅裂；花瓣卵状长圆形。雌花：花冠直立，直径约5mm；花瓣4，卵形。

应用

叶可制茶，清香可口。植株优美，可作绿化观赏树。

药用

叶（苦丁茶）苦、甘、寒，有清热解毒、清头目、除烦渴、止泻之效，治疗头痛、齿痛、目赤、热病烦渴、痢疾。

187

冬青

- 科名 / 冬青科 • 属名 / 冬青属
- 别名 / 四季青、冻青

Ilex chinensis

	1月	2月	3月	4月	5月	6月	7月	8月	9月	10月	11月	12月
● 花 期				████	████	████						
● 果 期							████	████	████	████	████	████

分布 江苏、浙江、安徽、江西、湖北、四川、贵州、广西、福建、河南等地。

生长环境 生长于山坡林缘、杂木林中，有栽培。

▶ 形态特征

常绿乔木，高达13m。

茎叶 叶片薄革质至革质，椭圆形或披针形，稀卵形，长5~11cm，宽2~4cm，先端渐尖，边缘具齿，正面绿色光泽、背面淡绿色。

花朵 雄花花序3~4回分枝，每分枝有7~24朵花；花淡紫色或紫红色；花瓣卵形，长2.5mm。雌花花序1~2回分枝，花3~7朵；花萼和花瓣同雄花。

果实 果长球形，成熟时红色。

应用

红色果经冬不落，是鸟儿食物，常作庭园观赏树种，木材优质。

药用

叶入药，有清热利湿、消肿镇痛之功效；根，抗菌、清热解毒、消炎；果子，浸酒，祛风虚。

枸骨

- 科名 / 冬青科　　· 属名 / 冬青属
- 别名 / 八角刺、猫儿刺、老虎刺、鸟不宿

Ilex cornuta

	1月	2月	3月	4月	5月	6月	7月	8月	9月	10月	11月	12月
● 花 期				███	███							
● 果 期										███	███	███

 分布 江苏、安徽、上海市、浙江、江西、湖北、湖南等省区。

 生长环境 生长于海拔150~1900m的山坡、丘陵等的灌丛疏林中、溪旁、路边和村舍附近。

▶ 形态特征

常绿灌木或小乔木，高1~3m。

🌿 **茎叶** 叶片厚革质，二型，四角状长圆形或卵形，长4~9cm，宽2~4cm，先端具3枚硬刺齿，中央刺齿常曲，正面深绿色而光泽，背面淡绿色而无光泽。

❀ **花朵** 花淡黄色，花瓣长圆状卵形，长3~4mm，反折，基部合生；雄蕊与花瓣近等长或稍长。

🍒 **果实** 果球形，直径8~10mm，熟时鲜红色，基部具宿存花萼，内果皮骨质。

应用

供庭园观赏，也是理想的插花素材。材料种子含油，可制作肥皂。

药用

枸骨子补肝肾、止泻；叶，有清热养阴、平肝、益肾、强心之效，治高血压、肺痨咳嗽。

189

刺果苏木

·科名 / 豆科　·属名 / 云实属
·别名 / 大托叶云实、忙果钉

Caesalpinia bonduc

	1月	2月	3月	4月	5月	6月	7月	8月	9月	10月	11月	12月
● 花期												
● 果期												

 分布　广东、广西和台湾。

生长环境　生长于疏林灌木丛、海边村庄荒地上。

▶ 形态特征

有刺藤本灌木，全株有钩刺。

🌿 **茎叶**　叶长30～45cm；羽片6～9对，对生；在小叶着生处常有托叶状的小钩刺；小叶6～12对，长椭圆形，长1.5～4.0cm，宽1.5～2.0cm。

🌸 **花朵**　总状花序腋生，上部稠密，下部稀疏；萼裂片5，内外均被锈色毛；花瓣黄色，或最上面1片有红斑，倒披针形。

🍒 **果实**　荚果长圆形，顶端有喙；种子近球形，铅灰色。

应用

姿态优美，果形奇特，观赏价值高。

药用

叶药用，有祛瘀止痛、清热解毒之效，治急慢性胃炎、胃溃疡、痈疮疖肿等病症。

海刀豆

- 科名 / 豆科 - 属名 / 刀豆属
- 别名 / 滨刀豆

Canavalia maritima

| 备注 | 本物种有毒。 |

	1月	2月	3月	4月	5月	6月	7月	8月	9月	10月	11月	12月
● 花 期						▬	▬					
● 果 期								▬	▬	▬	▬	▬

分布 我国东南部至南部地区广布。

生长环境 蔓生长于海边沙滩、村庄和树丛旁。

▶ 形态特征

草质藤本，粗壮。

 茎叶 茎被稀疏的微柔毛。羽状复叶，小叶3；小叶倒卵形、卵形、椭圆形或近圆形。

 花朵 总状花序腋生，连总花梗长达30cm；花1~3朵聚生长于花序轴近顶部的每一节上；花冠紫红色或粉紫色，旗瓣圆形，长约2.5cm。

果实 荚果线状长圆形，长8~12cm，宽2.0~2.5cm，有棱；种子椭圆形，种皮褐色。

香花崖豆藤

- 科名 / 豆科　　属名 / 崖豆藤属
- 别名 / 昆明鸡血藤、山鸡血藤、贯肠血藤

Millettia dielsiana

	1月	2月	3月	4月	5月	6月	7月	8月	9月	10月	11月	12月
● 花　期					▬	▬	▬	▬				
● 果　期										▬	▬	

分布　贵州、浙江、江西、四川、云南、福建、湖北、湖南、广东、广西等地。

生长环境　生长于山坡杂木林、灌丛、山野间。

▶ 形态特征

攀缘灌木，长2~5m。

茎叶　叶互生，羽状复叶，长15~30cm；叶柄长5~12cm；小叶5，革质，长椭圆形或披针形、卵形，长4~15cm，宽2~5cm，先端钝渐尖。

花朵　圆锥状花序顶生或腋生，宽大，长达15cm；花冠蝶形，紫红色，旗瓣阔卵形至倒阔卵形，具短柄，外面白色，翼瓣甚短，约为旗瓣的一半。

应用

花艳丽，果秀美，观赏价值高，藤可编制成工艺品。

药用

藤根入药，有止血补血、活血通络之效，主治月经不调、闭经、劳伤筋骨、血虚体弱等病症。

白花油麻藤

- 科名 / 豆科　·属名 / 黧豆属
- 别名 / 大蓝（兰）布麻、雀儿花、鸡血藤、鲤鱼藤

Mucuna birdwoodiana

备注 种子有毒，不宜食用。

	1月	2月	3月	4月	5月	6月	7月	8月	9月	10月	11月	12月
● 花期				████	████	████						
● 果期						████	████	████	████	████		

分布 江西、福建、广东、广西、贵州、四川等省区。

生长环境 生长于山谷林下、溪边或灌丛中，有栽培。

▶ 形态特征

常绿、大型攀缘藤本，长达10m。

茎叶 叶为羽状复叶，互生，叶长17~30cm；叶由3片小叶片组成，顶部小叶片较大，椭圆形或卵形。

花朵 总状花序腋生，成串下垂，长20~38cm；有花20~30朵，呈束状；萼筒宽杯状；花冠蝶形，白色或带绿白色。

果实 荚果木质，带状，长30~45cm，宽3.5~4.5cm，近念珠状，被红褐色短绒毛；种子5~13枚，近肾形，深紫黑色。

193

金合欢

- 科名 / 豆科　　· 属名 / 金合欢属
- 别名 / 鸭皂树、牛角花、消息花、刺球花

Acacia farnesiana

	1月	2月	3月	4月	5月	6月	7月	8月	9月	10月	11月	12月
● 花　期			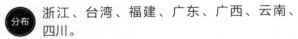									
● 果　期							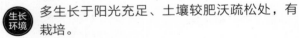					

分布　浙江、台湾、福建、广东、广西、云南、四川。

生长环境　多生长于阳光充足、土壤较肥沃疏松处，有栽培。

▶ 形态特征

灌木或小乔木，高2~4m。树皮粗糙，褐色。

茎叶　托叶刺状而锐利。二回羽状复叶，长2~7cm；羽片4~8对；小叶通常10~20对，线状矩圆形，长2~6mm，宽1.0~1.5mm。

花朵　头状花序1或2~3个腋生，球形，花多而密集，直径约1cm；花黄色，极香，长约1mm。

果实　荚果圆筒形。种子多数，卵形，褐色。

应用

花香，可提香精、芳香油。植株常用作绿篱或盆栽。根及荚果可作黑色染料。

药用

根及树皮入药，有收敛、清热之效。

194

木豆

- 科名 / 豆科　　• 属名 / 木豆属
- 别名 / 三叶豆、豆蓉、观音豆、树豆

Cajanus cajan

备注 在印度栽培尤广，叫豆蓉。

	1月	2月	3月	4月	5月	6月	7月	8月	9月	10月	11月	12月
● 花期												
● 果期												

分布 福建、台湾、云南、四川、江西、湖南、广西、广东、海南、浙江等地。

生长环境 生长于热带和亚热带地区的山坡、砂地、旷地、丛林中或林边，有栽培。

▶ 形态特征

直立灌木，1~3m。多分枝，小枝有明显纵棱。

茎叶 叶为羽状3小叶；叶柄长1.5~5.0cm，上面具浅沟；小叶纸质，全缘，披针形至椭圆形。

花朵 总状花序长3~7cm，腋生；花数朵生长于花序顶部或近顶部；花萼钟状，长达7mm，裂片三角形或披针形；花冠黄色，长约为花萼的3倍。

果实 荚果线状长圆形；种子3~6颗，近圆形。

应用

是印度、东非和加勒比地区的重要经济作物，种子可作主粮、菜肴、馅料。

药用

种子，有清热解毒、补中益气、利水消食、止血止痢之效。根，可清热解毒。

195

相思子

- 科名/豆科　　- 属名/相思子属
- 别名/相思豆、红豆、相思藤、红漆豆、观音子

Abrus precatorius Linn.

	1月	2月	3月	4月	5月	6月	7月	8月	9月	10月	11月	12月
● 花 期			■	■	■	■						
● 果 期									■	■		

分布 台湾、广东、广西、云南和海南。

生长环境 生长于山地疏林或灌丛中。

▶ 形态特征

藤本，茎枝纤细，多分枝。

茎叶 羽状复叶，具16~26小叶；小叶对生，膜质，长圆形，长1~2cm，正面无毛。

花朵 总状花序腋生，长3~8cm；花小，密集；花萼钟状，黄绿色，具4浅齿，疏被白色糙伏毛；花冠紫色，花瓣近等长，宽卵形。

果实 荚果黄绿色，长圆形，长2.0~3.5cm，果瓣革质。种子椭圆形，上部2/3红色，下部1/3黑色。

应用

种子坚硬，色泽华美，可作装饰，但有剧毒。

药用

成熟种子，有清热解毒、祛痰、杀虫之效，用于痈疮、腮腺炎、疥癣、风湿骨痛；茎叶、根，可清热解毒、利尿。

猪屎豆

・科名 / 豆科　・属名 / 猪屎豆属
・别名 / 白猪屎豆、水蓼竹、猪屎青、黄野百合、野黄豆

Crotalaria pallida Ait.

备注 本物种有毒。

	1月	2月	3月	4月	5月	6月	7月	8月	9月	10月	11月	12月
● 花期									▬	▬	▬	▬
● 果期								▬	▬	▬	▬	▬

分布 福建、台湾、广东、广西、四川、云南、山东、浙江、湖南等地。

生长环境 生长于村边路旁、荒山草地和灌丛及砂质土地，有栽培。

▶ 形态特征

亚灌木状草本，多年生。

茎叶 茎枝圆柱形。叶互生，三出复叶；叶柄长2~4cm，被密毛；小叶片长圆形或椭圆形。

花朵 总状花序顶生或腋生，有花10~50朵；花萼近钟形，萼齿三角形；花冠蝶形，黄色，旗瓣上有紫红色条纹，长约10mm，冀瓣长圆形，长约8mm。

果实 荚果圆柱状，开裂后扭曲，有种子20~30颗。

应用

花期长，耐贫瘠又耐旱，可作观赏植物和插花材料。

药用

全草入药，有清热祛湿、解毒散结、消肿之效。

197

笃斯越桔

- 科名 / 杜鹃花科　●属名 / 越桔属
- 别名 / 蓝莓

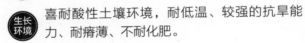
Vaccinium uliginosum

	1月	2月	3月	4月	5月	6月	7月	8月	9月	10月	11月	12月
● 花 期						▬▬						
● 果 期							▬▬▬▬▬					

分布 大兴安岭北部、吉林长白山。

生长环境 喜耐酸性土壤环境，耐低温、较强的抗旱能力、耐瘠薄、不耐化肥。

▶ 形态特征

落叶灌木，高0.5~1.0m，多分枝。

茎叶 茎短细瘦，幼枝有微柔毛，老枝无毛。叶多散生，叶片纸质，倒卵形、椭圆形至长圆形，长1.0~2.8cm，宽0.6~1.5cm，顶端圆形，有时微凹，基部宽楔形或楔形，全缘，表面近于无毛，背面微被柔毛，叶柄短，长1~2mm，被微毛。

花朵 花梗0.5~1.0cm，小苞片着生处有关节；萼筒无毛，萼齿4~5，三角状卵形，长约1mm。

应用

可用以酿酒及制果酱，也可制成饮料。

药用

可抗自由基、延缓衰老、防止细胞的退行性改变、抑制血小板聚集。

水石榕

• 科名 / 杜英科　• 属名 / 杜英属
• 别名 / 海南胆八树、水柳树、海南杜英、水柳

Elaeocarpus hainanensis Linn

	1月	2月	3月	4月	5月	6月	7月	8月	9月	10月	11月	12月
● 花 期						■	■					
● 果 期							■	■	■	■		

 分布 海南、广西南部及云南东南部。

 生长环境 喜生长于山谷林间、水边和低湿处。

▶ **形态特征**

小乔木，树冠宽广。

茎叶 叶革质，狭窄倒披针形，长7~15cm，宽1.5~3.0cm，先端尖，老叶正面深绿色，背面浅绿色。

花朵 总状花序生当年枝的叶腋内，长5~7cm，有花2~6朵；花较大，直径3~4cm；苞片叶状，卵形，长1cm，宽7~8mm；花瓣白色，与萼片等长，倒卵形，先端流苏状撕裂，裂片30条，长4~6mm。

应用

枝叶婆娑，花朵悬垂而洁白，果实雅巧，相映成趣，是理想的观赏树种。

黄麻

- 科名 / 椴树科
- 属名 / 黄麻属

Corchorus capsularis L.

	1月	2月	3月	4月	5月	6月	7月	8月	9月	10月	11月	12月
● 花 期							■	■				
● 果 期									■	■		

 长江以南各地广泛栽培，亦有见于荒野呈野生状态。

生长环境 喜温暖湿润的气候。

▶ 形态特征

直立木质草本，高1~2m，无毛。

🌿 茎叶 叶纸质，卵伏披针形至狭窄披针形，长5~12cm，宽2~5cm，先端渐尖，基部圆形，两面均无毛，边缘有粗锯齿；叶柄长约2cm，有柔毛。

🌸 花朵 花单生或数朵排成腋生聚伞状花序，有短的花序柄及花柄；雄蕊18~22枚；子房无毛，柱头浅裂。

应用

可作绳索及织制麻袋；经加工处理，可织制麻布及地毯等；嫩叶供食用。

药用

清热解署、拔毒消肿，用于预防中暑、中暑发热、痢疾；外用治疮疖肿毒。

瓜馥木

- 科名 / 番荔枝科
- 属名 / 瓜馥木属

Fissistigma oldhamii (Hemsl.) Merr.

	1月	2月	3月	4月	5月	6月	7月	8月	9月	10月	11月	12月
● 花 期												
● 果 期												

分布　浙江、江西、福建、台湾、湖南、广东、广西、云南。

生长环境　常生长于南方丘陵山地或山谷灌木丛中，以及低海拔山谷水旁灌木丛中。

▶ 形态特征

攀缘灌木，长约8m；小枝被黄褐色柔毛。

🍃 茎叶　叶革质，互生，倒卵状椭圆形或长圆形，长6.0~12.5cm，宽2~5cm。

❀ 花朵　花长约1.5cm，直径1.0~1.7cm，1~3朵集成密伞状花序；总花梗长约2.5cm；雄蕊长圆形，长约2mm，药隔稍偏斜三角形。

🍐 果实　果圆球状，直径约1.8cm，密被黄棕色绒毛；种子圆形，直径约8mm；果柄长不及2.5cm。

应用

可作庭院树及风景树。果肉味甜，可食。

药用

治跌打损伤和关节炎。

假鹰爪

•科名 / 番荔枝科　　•属名 / 假鹰爪属
•别名 / 酒饼叶、酒饼藤、鸡脚趾、鸡爪叶、半夜兰

Desmos chinensis Lour.

	1月	2月	3月	4月	5月	6月	7月	8月	9月	10月	11月	12月
● 花期						■	■	■	■	■	■	■
● 果期	■	■	■	■	■							

 分布 广东、广西、云南和贵州。

生长环境 生长于丘陵山坡、林缘灌丛、荒野山谷中。

▶ 形态特征

直立或攀缘灌木。枝皮粗糙，有纵条纹和皮孔。

茎叶 叶薄纸质或膜质，长圆形或椭圆形，少数为阔卵形，长4~13cm，宽2~5cm，正面有光泽。

花朵 花黄白色，单朵与叶对生或互生；萼片卵圆形；外轮花瓣比内轮花瓣大，长圆形或长圆状披针形，长达9cm，宽达2cm；花托顶端平坦或略凹陷。

果实 果有柄，念珠状，成熟后变为红色或紫红色，长2~5cm，内有种子1~7颗；种子球状。

202

山椒子

· 科名 / 番荔枝科　· 属名 / 紫玉盘属
· 别名 / 川血乌、红肉梨、葡萄木、山芭蕉罗

Uvaria grandiflora Roxb.

	1月	2月	3月	4月	5月	6月	7月	8月	9月	10月	11月	12月
● 花 期												
● 果 期												

 分布 广东和海南及其岛屿有分布。

生长环境 生长于低海拔灌木丛、丘陵山地疏林。

▶ 形态特征

攀缘灌木；全株密被黄褐色星状柔毛至绒毛。

茎叶 叶纸质或近革质，长圆状倒卵形，长7~30cm，宽3.5~12.5cm，顶端尖。

花朵 花朵大，直径达9cm，单生，深红色；苞片卵圆形；萼片膜质，宽卵圆形；花瓣卵圆形或长圆状卵圆形，常6枚，开时后翻。

果实 果长圆柱状，长4~6cm，直径1.5~2.0cm，顶端有尖头，土黄色；种子卵圆形，扁平，种脐圆形。

应用

花果十分别致，观赏价值高。

药用

全株入药，治疗咽喉肿痛、跌打、月经不调、小腹疼痛。

鹰爪花

· 科名 / 番荔枝科　· 属名 / 鹰爪花属
· 别名 / 莺爪、鹰爪、鹰爪兰、五爪兰、鸡抓兰

Artabotrys hexapetalus (L.f.) Bhandari

	1月	2月	3月	4月	5月	6月	7月	8月	9月	10月	11月	12月
● 花　期												
● 果　期												

分布

浙江、江西、福建、台湾、广东、海南、广西、云南等地。

生长环境

喜温暖湿润，多栽培于较肥沃的排水良好的土壤处、庭园、石旁。

▶ **形态特征**

攀缘灌木，高达4m，常借钩状的总花梗攀缘于它物上。

茎叶 叶互生；叶片纸质，长圆形或阔披针形，长6~16cm，宽2.5~6.0cm，先端渐尖或急尖。

花朵 花1~2朵，生长于木质钩状的总花梗上，淡绿色或淡黄色，芳香；萼片3，卵形，绿色，长约8mm；花瓣6枚，2轮，长圆状披针形，长3.0~4.5cm。

果实 果实卵圆状，长2.5~4.0cm。

应用

枝叶青翠、果实可爱，株姿颇具山林野趣，观赏价值高。花极香，是高级香料来源。

药用

根、果实入药。

海桑

- 科名 / 海桑科
- 属名 / 海桑属

Sonneratia caseolaris (L.) Engl.

	1月	2月	3月	4月	5月	6月	7月	8月	9月	10月	11月	12月
花 期	■■■	■■										■■
果 期			■■■	■■	■■	■■	■■	■■				

分布 海南琼海、万宁、陵水；生长于海边泥滩。

生长环境 耐低温，能忍受偶然性的轻霜；耐水淹，对土壤适应性强，土质质地由粉壤到黏土均能正常生长。

▶ 形态特征

乔木，高5～6m；小枝通常下垂，有隆起的节。

 茎叶 叶形状变异大，阔椭圆形、矩圆形至倒卵形，长4～7cm，宽2～4cm。

 花朵 花具短而粗壮的梗；萼筒平滑无棱，浅杯状；果时碟形，裂片平展，内面绿色或黄白色，比萼筒长；花瓣条状披针形，暗红色，长1.8～2.0cm，宽0.25～0.30cm。

应用

一般种植成林，防风防浪效果很好。

西藏红豆杉

•科名 / 红豆杉科　•属名 / 红豆杉属
•别名 / 喜马拉雅红豆杉

Taxus wallichiana Zucc.

备注　国家Ⅰ级重点保护野生植物。

	1月	2月	3月	4月	5月	6月	7月	8月	9月	10月	11月	12月
● 花 期					▬							
● 果 期								▬	▬	▬		

分布　西藏南部和云南少部分地区。

生长环境　多生长于海拔2000~3100m的河谷和较湿润地段的林中。

▶ 形态特征

乔木或大灌木。

 茎叶　冬芽卵圆形，基部芽鳞的背部具脊，先端急尖。叶条形，质地厚，较密地排列成互相重叠的不规则两列，上下几等宽或上端微渐窄，正面光绿色。

花朵　雌雄异株，球花单生叶腋。

 果实　种子生长于红色肉质杯状的假种皮中，柱状矩圆形，微扁，长约6.5mm，径4.5~5.0mm。

应用

西藏特有珍贵树种，具有重要的生物学研究意义，优良木材来源。

药用

叶、枝及茎皮可入药，所含的紫杉醇对癌症、糖尿病、冠心病等有一定的疗效。

木榄

- 科名 / 红树科　·属名 / 木榄属
- 别名 / 鸡爪榄、包罗剪定、剪定、五梨蛟、大头榄

Bruguiera gymnorrhiza (L.) Poir.

	1月	2月	3月	4月	5月	6月	7月	8月	9月	10月	11月	12月
● 花 期												
● 果 期												

 分布　广东、广西、福建、台湾及其沿海岛屿。

 生长环境　生长于浅海盐滩，多散生长于秋茄树的灌丛中。

▶ 形态特征

乔木或灌木，皮灰黑色，有粗糙裂纹。

🌿 **茎叶**　叶椭圆状矩圆形，长7~15cm，宽3~5.5cm，顶端短尖；叶柄暗绿色，长2.5~4.5cm；托叶长3~4cm，淡红色。

❀ **花朵**　花单生，盛开时长3.0~3.5cm，花梗长1.2~2.5cm；萼平滑无棱，暗黄红色或淡红色、紫红色，深裂，裂片8~13；花瓣长1.1~1.3cm。

🍒 **果实**　具胎生现象，胚轴红色，繁殖体呈圆锥形，果于脱离母树前发芽。

应用

我国红树林的优势树种之一。花果奇特，观赏价值高。木材多用于薪炭用材。

药用

树皮收敛止泻，用于腹泻、脾虚、肾虚。

207

黄杞

- 科名 / 胡桃科　• 属名 / 黄杞属
- 别名 / 黄榉、三麻柳

Engelhardia roxburghiana Wall.

	1月	2月	3月	4月	5月	6月	7月	8月	9月	10月	11月	12月
● 花 期												
● 果 期												

（分布）　四川、贵州、云南、湖南、广东、海南、广西等地。

（生长环境）　喜光，不耐阴，适生长于温暖湿润的气候。

▶ 形态特征

半常绿乔木，高10m左右。

🌿茎叶　偶数羽状复叶长12~25cm，小叶3~5对，叶片革质，长4~16cm，宽2~5cm长椭圆状。

🌸花朵　雌雄同株或异株。雄花无柄或近无柄，花被片4枚，兜状；雌花有长约1mm的花柄，苞片3裂而不贴于子房，花被片4枚。

🍒果实　果实坚果状，球形，直径约4mm，外果皮膜质，内果皮骨质，3裂的苞片托于果实基部。

应用

适宜在园林绿地中栽植，或用于山地风景区绿化；材质硬而稍重，适做成上等家具。

药用

树皮：行气，化湿，导滞。叶：清热止痛。

野核桃

· 科名 / 胡桃科　· 属名 / 胡桃属
· 别名 / 山核桃、核桃楸、山胡桃

Juglans cathayensis Dode

	1月	2月	3月	4月	5月	6月	7月	8月	9月	10月	11月	12月
● 花 期				▬	▬							
● 果 期							▬	▬	▬	▬		

分布 东北和山西、甘肃、陕西、河南、河北、湖北、湖南、四川、贵州等地。

生长环境 生长于杂木林中或沟谷中。

▶ 形态特征

乔木，高达12~25m。

 茎叶 奇数羽状复叶，互生，具9~17枚小叶；小叶近对生，无柄，硬纸质，卵状矩圆形或长卵形，长8~15cm，边缘有细锯齿，两面均有毛。

 花朵 花单性，雌雄同株。雄性葇荑花序、腋生、雌花序穗状、顶生。

🍂 **果实** 果实核果球形或卵形，外果皮密被腺毛；核顶端尖，卵状或阔卵状。

应用

种子含油量高，可食用，亦可榨油、制肥皂，作润滑油。优良木材来源。

药用

野核桃仁可入药，有润肺化痰、敛肺定喘、温肾润肠之效。

胡颓子

- 科名 / 胡颓子科 · 属名 / 胡颓子属
- 别名 / 半春子、羊奶子、雀儿酥、甜棒子

Elaeagnus pungens Thunb.

	1月	2月	3月	4月	5月	6月	7月	8月	9月	10月	11月	12月
● 花期									▬	▬	▬	▬
● 果期				▬	▬	▬						

分布 江苏、安徽、浙江、江西、福建、湖北、湖南、广东、广西、四川、贵州等地。

生长环境 生长于向阳山坡、沟谷、山地杂木林内或道路旁。

▶ 形态特征

常绿直立灌木，高3~4m。

 茎叶 叶互生；叶柄长5~8mm；叶片革质，椭圆形或阔椭圆形，长5~10cm，两端钝或基部圆形，边缘微反卷或微波状，正面有光泽，背面密被银白色和少数褐色鳞片。

 花朵 花白色或银白色，下垂，被鳞片，1~3朵生长于叶腋。

果实 果实椭圆形，长12~14mm，幼时被褐色鳞片，成熟时红色；果核内面具白色丝状棉毛。

应用

果实味甜，营养丰富，可生食，也可酿酒、熬糖。可作观赏植物。

药用

果实消食止痢，叶能止咳平喘，根则有活血止血、祛风利湿之效。

210

牛奶子

•科名 / 胡颓子科　•属名 / 胡颓子属
•别名 / 阳春子、剪子果、甜枣、半春子、麦粒子

Elaeagnus umbellata Thunb.

	1月	2月	3月	4月	5月	6月	7月	8月	9月	10月	11月	12月
● 花 期												
● 果 期												

分布 华北、华东、西南各省区和陕西、甘肃、青海、宁夏等地。

生长环境 生长于亚热带和温带地区的向阳的林缘、灌丛、沟边、荒坡。

▶ 形态特征

落叶直立灌木，高1~4m，枝具针刺。

 茎叶 叶纸质或膜质，椭圆形或倒卵状披针形，长3~8cm，边缘全缘；叶柄白色，长5~7mm。

 花朵 花较叶先开放，腋生，黄白色、芳香，外面有鳞片；花被筒圆筒状漏斗形，稀圆筒形，长5~7mm，裂片卵状三角形，长2~4mm。

果实 果实近球形或卵圆形，长5~8mm，幼时绿色，成熟时红色。

应用

果实味酸甜，可生食，制果酒、果酱等。亦是观赏植物。

药用

果实、根和叶亦可入药，有清热利湿、活血行气、止咳、止血等功效，主治肝炎、肺虚、跌打损伤及泻痢等。

211

沙棘

- 科名 / 胡颓子科　● 属名 / 沙棘属
- 别名 / 醋柳果、醋刺柳、酸刺、黑刺、醋柳

Hippophae rhamnoides L.

	1月	2月	3月	4月	5月	6月	7月	8月	9月	10月	11月	12月
● 花期												
● 果期												

分布　内蒙古、河北、山西、陕西、甘肃、青海、四川西部。

生长环境　生长于山地、谷地、干涸河床地或山坡，常栽培于多砾石、砂质土壤或黄土处。

▶ 形态特征

落叶灌木或乔木，高1.5m，高山沟谷中可达18m，棘刺较多，粗壮。

茎叶　单叶，纸质，狭披针形或矩圆状披针形，长30~80mm，宽4~10mm，两端钝形或基部近圆形，基部最宽，正面绿色，背面银白色或淡白色；叶柄极短。

果实　果实圆球形，直径4~6mm，橙黄色或橘红色；种子小，阔椭圆形至卵形，黑色或紫黑色。

应用

果实含有丰富的营养物质，可食用或加工成食品和饮料。可榨油，用途广泛。

药用

果实入药，有止咳祛痰、消食化滞、活血散瘀之效。

212

沙枣

- 科名 / 胡颓子科 • 属名 / 胡颓子属
- 别名 / 桂香柳、银柳、牙格达、七里香、香柳

Elaeagnus angustifolia Linn.

备注 幼枝叶和花果均密被银白色鳞片。

	1月	2月	3月	4月	5月	6月	7月	8月	9月	10月	11月	12月
● 花 期					████	████						
● 果 期									███			

 分布 中国西北各省区和辽宁、河北、山西、河南等地，多栽培。

 生长环境 适应力强，山地、平原、沙滩、荒漠、盐碱地均能生长。

▶ 形态特征

落叶灌木或小乔木，高3~10m。

茎叶 单叶互生，椭圆状披针形或披针形，长2.5~8.5cm，先端尖，基部楔形，全缘，正面幼时被银白色鳞片，背面灰白色，密被银白色鳞片。

花朵 花1~3朵生长于叶腋，两性；花被筒呈钟状或漏斗状，先端4裂，有香味。

果实 果实椭圆形，长约1.5cm，粉红色，被银白色鳞片；果肉乳白色，粉质；果梗短、粗壮。

应用

果实可生食、熟食，或酿酒、制醋酱、糕点等食品。花可提芳香油，作调香原料，亦是蜜源植物。

药用

果实可健脾止泻，用于消化不良；树皮有清热凉血、收敛止痛之效。

云南沙棘

- 科名 / 胡颓子科　- 属名 / 沙棘属
- 别名 / 刺果

Hippophae rhamnoides L. subsp. *yunnanensis Rousi*

	1月	2月	3月	4月	5月	6月	7月	8月	9月	10月	11月	12月
● 花期				━━								
● 果期								━━━━━━				

 四川、云南西北部和西藏拉萨以东地区。

 常见于高山草地、干涸河谷沙地、石砾地或山坡密林。

▶ 形态特征

落叶灌木或乔木，高1～16m，多刺，顶生或侧生。

🌿 **茎叶** 叶互生，基部最宽，常为圆形或有时楔形，上面绿色，下面灰褐色，被较多且较大的锈色鳞片。

🍒 **果实** 果实圆球形，直径5~7mm，黄白色、黄色、橙黄色；果梗长1~2mm；种子阔椭圆形至卵形，稍扁，通常长3~4mm。

应用

果实味酸，可鲜食、榨汁、制作饮料。

药用

可药用，治感冒、咳嗽、支气管炎，降低胆固醇、防止冠状动脉硬化。

木鳖子

- 科名 / 葫芦科　· 属名 / 苦瓜属
- 别名 / 番木鳖、木鳖藤、糯饭果、木鳖

Momordica cochinchinensis (Lour.) Spreng.

	1月	2月	3月	4月	5月	6月	7月	8月	9月	10月	11月	12月
● 花 期						▬▬▬	▬▬▬					
● 果 期								▬▬▬▬▬▬				

分布

四川、湖北、河南、安徽、浙江、江西、福建、广东、贵州、云南等地。

生长环境

常生长于山坡、山沟、林缘及路旁，有栽种。

▶ **形态特征**

多年生草质藤本，长达15m。

 茎叶 叶互生，叶柄粗壮，长5~10cm。叶片圆形至阔卵形，质较厚，长宽均为10~20cm，通常3~5中裂或深裂；叶脉掌状，全缘或具微齿。

花朵 花单性，雌雄异株。花单生长于叶腋，花梗细长，每花具1片黄绿色、兜状的大型苞片；花冠黄色。

果实 瓠果卵球形，长12~15cm，成熟后红色。种子多数，卵形或方形，黑褐色。

应用

果实内包裹种子的红色膜肉可以食用，或与米饭同煮。嫩叶可以炒或凉拌。果实奇特可爱，观赏价值高。

药用

种子、根和叶入药，有消肿散结、解毒止痛之效。

东北茶藨子

· 科名 / 虎耳草科　· 属名 / 茶藨子属
· 别名 / 满洲茶藨子、山麻子、东北醋李、狗葡萄

Ribes mandshuricum (Maxim.) Kom.

	1月	2月	3月	4月	5月	6月	7月	8月	9月	10月	11月	12月
● 花 期				■	■	■						
● 果 期							■	■				

 分布 我国东北、内蒙古、甘肃、河北、河南、山西和陕西也有分布。

 生长环境 生长于山坡或山谷林下或杂木林内。

▶ 形态特征

落叶灌木，高1~3m；小枝灰色或褐灰色，嫩枝褐色；芽卵圆形或长圆形，具数枚棕褐色鳞片。

茎叶 叶宽大，长5~10cm，宽几与长相近，基部心脏形，掌状3裂、稀5裂，裂片卵状三角形。

花朵 花两性，直径3~5mm；总状花序长10~16cm，初直立后下垂，具花多达40~50朵；苞片小，卵圆形；花萼浅绿色或带黄色；萼片倒卵状舌形或近舌形；花瓣近匙形，浅黄绿色。

应用

果实味酸，可食用或制作果酱、酿酒。植株秀丽、果实红艳，观赏价值高。

药用

果实清热解表，可治疗感冒。

常山

- 科名 / 虎耳草科　　· 属名 / 常山属
- 别名 / 白常山、土常山、黄常山、风骨木

Dichroa febrifuga Lour.

	1月	2月	3月	4月	5月	6月	7月	8月	9月	10月	11月	12月
● 花期												
● 果期												

分布 四川、贵州、云南、江西、湖北、湖南、安徽、江苏、陕西、广东、广西、福建等地。

生长环境 生长于林阴湿润山地，或栽培于林下。

▶ 形态特征

落叶灌木，高1~2m。

🗸 茎叶 叶形变化大，叶片椭圆形、阔披针形或长圆倒卵形、披针形，正面深绿色，长6~25cm，宽2~10cm，先端渐尖，边缘有锯齿。

❀ 花朵 聚伞状花序圆锥状，着生长于枝顶或上部的叶腋，花蓝色、青蓝色或白色；花序梗长约2cm；苞片线状披针形，早落，小花梗长3~5mm；花萼倒圆锥状，先端4~7齿；花瓣长圆状椭圆形。

应用

花果美丽，适合观赏或插花。

药用

根含有常山素，为抗疟疾要药，根入药可截疟、解热、除痰。

217

黑茶藨子

- 科名 / 虎耳草科　　属名 / 茶藨子属
- 别名 / 黑加仑、茶藨子

Ribes nigrum L.

	1月	2月	3月	4月	5月	6月	7月	8月	9月	10月	11月	12月
● 花期					■	■						
● 果期							■	■				

分布

黑龙江、内蒙古、新疆。

生长环境

生长于湿润谷底、沟边或坡地云杉林、落叶松林或针、阔混交林下。

▶ **形态特征**

落叶直立灌木，高1~2m。

茎叶 芽长卵圆形或椭圆形，长4~7mm，宽2~4mm。叶近圆形，长4~9cm，宽4.5~11cm，基部心脏形，上面暗绿色，幼时微具短柔毛，老时脱落，下面被短柔毛和黄色腺体。

花朵 花两性，开花时直径5~7mm；花梗长2~5mm。

果实 果实近圆形，直径8~10mm时黑色，疏生腺体。

应用

主要供制作果酱、果酒及饮料等。

毛榛

- 科名 / 桦木科 · 属名 / 榛属
- 别名 / 毛榛子、火榛子

Corylus mandshurica Maxim.

	1月	2月	3月	4月	5月	6月	7月	8月	9月	10月	11月	12月
● 花 期				▬	▬							
● 果 期								▬	▬			

分布

东北、华北和陕西、甘肃东部、四川东部及北部。

生长环境

生长于海拔400~1500m的山坡灌丛中或林下。

▶ 形态特征

落叶灌木，高3~4m；树皮暗灰色或灰褐色。

 茎叶 叶宽卵形、矩圆形或倒卵状矩圆形，长6~12cm，边缘具不规则的粗锯齿，中部以上具浅裂或缺刻；叶柄细瘦。

花朵 雄花序2~4枚排成总状；苞鳞密被白色短柔毛。

果实 果单生或2~6枚簇生，长3~6cm；果苞管状，在坚果上部缢缩，较果长2~3倍，外面密被黄色刚毛兼有白色短柔毛。坚果近乎球形，长约1.5cm，顶端具小突尖，外面密被白色绒毛。

应用

种子可食，甘醇而香，生食或蒸煮后吃，也可加工成粉后做糕点，熬制榛乳、榛脂，还可榨油。花是蜂的蜜源。木材坚硬、耐腐，可做伞柄、手杖等。

药用

种仁入药，有调中、补血气、开胃、明目之效。

219

海杧果

• 科名 / 夹竹桃科　• 属名 / 海杧果属
• 别名 / 黄金茄、牛心荔、牛心茄、山杧果、香军树

Cerbera manghas

	1月	2月	3月	4月	5月	6月	7月	8月	9月	10月	11月	12月
● 花期												
● 果期												

备注 本物种有毒，如果皮毒性强烈。

应用

海边防潮树种。花美丽而芳香，也适合庭园种植观赏。

药用

种仁具有强心作用，可催吐、泻下；树皮、叶、乳汁也能制药，有催吐、堕胎之效。

分布

我国台湾、广东、广西。

生长环境

生长于海边、海岸、近海边湿润处。

▶ 形态特征

常绿小乔木，高达6m，甚至更高，全株含乳状汁液。

茎叶 单叶，互生，倒卵状长圆形或倒卵状披针形，稀长圆形，顶端钝或短渐尖，正面深绿色，叶背浅绿色，革质或厚纸质，全缘。

花朵 顶生聚伞状花序；花两性，辐射对称，直径约5cm；花冠管长约3cm，左旋裂片5片，芳香，白色，喉部红色；花萼黄绿色，裂片长圆形或倒卵状长圆形。

果实 核果卵圆形，长约6cm，成熟时橙黄色。

尖山橙

- 科名 / 夹竹桃科
- 属名 / 山橙属

Melodinus fusiformis

备注 果实有毒，误食可导致呕吐。

	1月	2月	3月	4月	5月	6月	7月	8月	9月	10月	11月	12月
● 花 期												
● 果 期												

 分布 广东、海南、广西和贵州等地。

 生长环境 生长于海拔300~1400m的山地疏林中或山坡路旁。

▶ 形态特征

粗壮木质藤本。全株具乳汁。

🌿 **茎叶** 茎皮灰褐色；叶柄长4~6mm；叶片椭圆形或长椭圆形，稀椭圆状披针形，长4.5~12cm，宽1.0~5.3cm。

❀ **花朵** 顶生聚伞状花序，有花6~12朵，长3~5cm；花萼5深裂，裂片长圆形，先端急尖。

🍊 **果实** 浆果椭圆形，橙红色，长3.5~5.3cm，直径2.2~4.0cm。

药用

枝叶入药，用于风湿痹痛、跌打损伤。

221

艳山姜

•科名 / 姜科　•属名 / 山姜属
•别名 / 玉桃、草扣、大良姜、假砂仁、土砂仁

Alpinia zerumbet

	1月	2月	3月	4月	5月	6月	7月	8月	9月	10月	11月	12月
● 花 期				▬	▬	▬						
● 果 期							▬	▬	▬	▬		

应用

叶片可包粽子，嫩茎和花可食用。

药用

根茎和果实入药，有健脾暖胃、除痰截疟、燥湿散寒之效，治消化不良、呕吐腹泻。

分布

我国东南部至西南部各省区。

生长环境

生长于田头、地边、路旁及沟边草丛中。

▶ **形态特征**

多年生常绿草本植物，高1.5~3.0m。

☘ **茎叶** 叶大，互生，披针形，长30~60cm，宽5~10cm，先端渐尖，有旋卷小尖头，基部渐窄；叶舌长0.5~1cm，被毛。

❀ **花朵** 圆锥状花序呈总状花序式，下垂，长达30cm，花序轴紫红色，枝极短，每分枝有1~3花。花萼近钟形，长约2cm，白色，顶粉红色；花冠管较花萼短，裂片长圆形，乳白色，先端粉红色；唇瓣匙状宽卵形，黄色而有紫红色纹彩。

草珊瑚

- 科名/金粟兰科　　● 属名/草珊瑚属
- 别名/满山香、观音茶、接骨金粟兰、肿节风、九节茶、九节风

Sarcandra glabra

	1月	2月	3月	4月	5月	6月	7月	8月	9月	10月	11月	12月
● 花 期						▬						
● 果 期								▬▬▬▬▬▬▬				

 分布 浙江、安徽、福建、四川、云南、贵州、江西、湖北、湖南、广西、广东等地。

 生长环境 生长于山坡、溪谷、沟谷林下阴湿处。

▶ 形态特征

常绿亚灌木，高50~120cm。

🌿 **茎叶** 叶对生，革质，椭圆形，卵状至卵状披针形，长6~17cm，宽2~7cm，先端渐尖，基部尖或楔形，边缘除基部外有粗锐锯齿。齿尖有1腺体，两面均无毛；叶柄长0.5~1.5cm；托叶钻形。

❀ **花朵** 穗状花序顶生，分枝，连总花梗长1.5~4.0cm；花小，黄绿色，单性，雌雄同株；雌雄花合生，生长于一三角形的小苞片的腋内。

应用

植株秀丽可爱，适宜盆栽，也可用于园林、庭院的绿化点缀。

药用

全草入药，有清热凉血、祛风通络、活血消肿之效，用于抗肿瘤、抗菌、抗病毒，可促进骨折愈合。

223

桐棉

- 科名 / 锦葵科　· 属名 / 桐棉属
- 别名 / 恒春黄槿、杨叶肖槿、截萼黄槿

Thespesia populnea

	1月	2月	3月	4月	5月	6月	7月	8月	9月	10月	11月	12月
● 花 期												
● 果 期												

 分布 台湾、广东、海南有分布。

 生长环境 常生长于海边和海岸向阳处。

▶ 形态特征

常绿乔木，高约6m。

🌿 **茎叶** 叶柄长4~10cm。叶卵状心形，长7~18cm，宽4.5~11.0cm，先端长尾状，基部心形，全缘；托叶线状披针形。

🌸 **花朵** 花单生长于叶腋间；花萼杯状，直径约15mm，具5尖齿；花冠钟形，黄色。

🍒 **果实** 蒴果近球状梨形，果皮革质，外壳具浮力，成熟时黑色；种子三角状卵形，长约9mm。

应用

树姿优美，可作热带海滨园林绿化。果实能作染料及杀虱之用。

药用

叶入药，有清热解毒、消肿止痛、杀虫止痒之效。

地桃花

·科名 / 锦葵科　·属名 / 梵天花属
·别名 / 肖梵天花、野棉花、八卦草、田芙蓉、红孩儿、野桃花

Urena lobata

	1月	2月	3月	4月	5月	6月	7月	8月	9月	10月	11月	12月
花期							████	████	████	████		
果期	████						████	████	████	████	████	

分布 我国长江以南地区普遍分布。

生长环境 生长于干热的空旷地、草坡或疏林下。

▶ 形态特征

直立亚灌木状草本，高达1m。

 茎叶 叶互生；叶柄被灰白色星状毛。茎下部的叶近圆形，长4~5cm，宽5~6cm，边缘具锯齿；中部叶，卵形，长5~7cm，宽3~6.5cm；上部叶，长圆形至披针形，长4~7cm，宽1.5~3.0cm。

花朵 花腋生，单生或稍丛生，淡红色，直径约15mm；花瓣5，倒卵形，长约15mm。

果实 果扁球形，直径约1cm，分果爿被星状短柔毛和锚状刺。

应用

花俏丽如桃花，可用于插花材料。茎皮纤维富坚韧，常作为麻类的代用品，供纺织和制绳索。

药用

全草和根入药，有祛风利湿、活血消肿、清热解毒之效。

225

磨盘草

•科名 / 锦葵科　•属名 / 苘麻属
•别名 / 金花草、耳响草、磨谷子、磨龙子

Abutilon indicum

	1月	2月	3月	4月	5月	6月	7月	8月	9月	10月	11月	12月
● 花 期												
● 果 期												

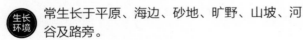

分布 台湾、福建、广东、广西、贵州和云南等省区。

生长环境 常生长于平原、海边、砂地、旷野、山坡、河谷及路旁。

▶ 形态特征

一年多生或多年生直立亚灌木状草本，高1~2.5m。

🌿茎叶 叶互生，叶卵圆形或近圆形，长2.5~9.0cm，具不规矩钝齿，两面被灰或灰白色星状柔毛；叶柄长2~5cm。

✿花朵 花单生叶腋。花萼盘状，绿色，茎0.6~1.0cm；花冠黄色，花瓣长6~8mm。

🍀果实 分果近球形，黑色；种子肾形，被星状疏柔毛。

226

麻栎

- 科名 / 壳斗科　·属名 / 栎属
- 别名 / 栎、橡碗树

Quercus acutissima

	1月	2月	3月	4月	5月	6月	7月	8月	9月	10月	11月	12月
● 花期			■■■	■■■								
● 果期									■■■	■■■		

 分布 辽宁、山东、河北、河南、山西、江苏、浙江、江西、安徽、海南、广西、四川等省区。

 生长环境 常在山地阳坡、半阳坡形成小片纯林或混交林。

▶ 形态特征

常绿、落叶乔木，稀灌木。

茎叶 冬芽具数枚芽鳞，覆瓦状排列。叶螺旋状互生。

花朵 花单性，雌雄同株；雌花序为下垂柔黄花序，花单朵散生或数朵簇生长于花序轴下；花被杯形，4~7裂或更多。

果实 壳斗包着坚果。每壳斗内有1个坚果。

应用

果实称麻栎果、橡实，同其他栎属植物的果实统称橡子。果实富含淀粉，可酿酒、制作麻栎豆腐或深加工。叶子可饲柞蚕。

药用

果实，有收敛固涩、止血之效，用于泄泻痢疾、便血、痔疮、乳腺炎。

227

枹栎

- 科名 / 壳斗科　·属名 / 栎属
- 别名 / 枹树

Quercus serrata Thunb.

	1月	2月	3月	4月	5月	6月	7月	8月	9月	10月	11月	12月
● 花 期												
● 果 期												

分布 辽宁、山西、江苏、安徽、河南、湖北、湖南、广东、广西、四川、贵州、云南等省区。

生长环境 生长于海拔200~2000m的山地林地或沟谷林中。

▶ 形态特征

落叶乔木，高达25m，树皮灰褐色，深纵裂。

 **茎叶** 冬芽长卵形，长5~7mm，芽鳞多数，棕色，无毛或有极少毛。叶片薄革质，倒卵形或倒卵状椭圆形，长7~17cm，宽3~9cm，叶缘有腺状锯齿。

花朵 雄花序长8~12cm，花序轴密被白毛；雌花序长1.5~3.0cm。小苞片长三角形，贴生，边缘具柔毛。

应用

木材坚硬，供建筑、车辆等用材；种子富含淀粉，供酿酒和饮料；树皮可提取栲胶；叶可饲养柞蚕。

珙桐

- 科名 / 蓝果树科　属名 / 珙桐属
- 别名 / 空桐、鸽子树、鸽子花树、水梨子

Davidia involucrata Baill.　备注 国家一级重点保护野生植物，属子遗植物。

	1月	2月	3月	4月	5月	6月	7月	8月	9月	10月	11月	12月
● 花 期				▬								
● 果 期										▬		

 分布 湖北西部、湖南西部、四川以及贵州和云南两省的北部。

 生长环境 生长于海拔1500~2200m的润湿林间。

▶ 形态特征

落叶乔木，高15~20m。

茎叶 叶纸质，互生，常密集于幼枝顶端，阔卵形或近圆形，常长9~15cm，宽7~12cm，边缘有三角形而尖端锐尖的粗锯齿，正面亮绿色。

花朵 两性花与雄花同株，由多数的雄花与1个雌花或两性花构成近球形的头状花序，直径约2cm，两性花位于花序的顶端，雄花环其周围，基部具花瓣状苞片2~3枚，纸质，矩圆状卵形或矩圆状倒卵形。

应用

有"植物活化石"之称，花形似鸽子展翅，是世界著名的珍贵观赏树。材质沉重，为建筑的上等用材，可制作家具和作雕刻材料。

药用

果皮入药，清热解毒，治疗痈肿疮毒；根止血、止泻。

棟

- 科名 / 棟科　　· 属名 / 棟属
- 别名 / 苦棟、棟树、紫花树、森树、棟枣树

Melia azedarach

	1月	2月	3月	4月	5月	6月	7月	8月	9月	10月	11月	12月
● 花期				▬▬▬	▬▬▬							
● 果期										▬▬	▬▬▬	▬▬▬

 分布　我国黄河以南各省，广布于亚洲热带和亚热带地区，也有栽培。

生长环境　生长于低海拔旷野、路旁或疏林中，常栽培于屋前房后。

▶ 形态特征

落叶乔木，高15~20m。树皮暗褐色，纵裂。

🌿 **茎叶**　二至三回奇数羽状复叶互生；小叶卵形至椭圆形，长3~7cm，宽2~3cm，边缘有钝锯齿。

❀ **花朵**　圆锥状花序腋生或顶生；花淡紫色芳香，长约1cm；花瓣5，平展或反曲，倒披针形，淡紫色；雄蕊管通常暗紫色，长约7mm；子房近球形。

🍀 **果实**　核果圆卵形或近球形，长1.5~2.0cm，淡黄色，4~5室，每室具1颗种子；种子椭圆形。

应用

果实可酿酒；种子榨油可制油漆、润滑油和肥皂；木材供建筑和制作家具。

药用

果实入药，有小毒，可行气止痛、杀虫；叶有毒，可清热燥湿、杀虫止痒、行气止痛；皮也有毒，可杀虫、疗癣。

火炭母

- 科名 / 蓼科
- 属名 / 蓼属

Polygonum chinense

	1月	2月	3月	4月	5月	6月	7月	8月	9月	10月	11月	12月
● 花 期												
● 果 期												

分布

陕西南部、甘肃南部、华东、华中、华南和西南。

生长环境

生长于山谷湿地、山坡草地，海拔30~2400m处。

▶ 形态特征

多年生草本，基部近木质。

 茎叶 根状茎粗壮。茎直立，高70~100cm，通常无毛，具纵棱，多分枝，斜上。叶卵形或长卵形，长4~10cm，宽2~4cm，顶端短渐尖，基部截形或宽心形，边缘全缘，两面无毛，有时下面沿叶脉疏生短柔毛，下部叶具叶柄，叶柄长1~2cm，通常基部具叶耳，上部叶近无柄或抱茎；托叶鞘膜质，无毛，长1.5~2.5cm，无缘毛。

果实 瘦果宽卵形，具3棱，长3~4mm，黑色，无光泽，包于宿存的花被。

药用

用于痢疾、消化不良、肝炎、感冒、扁桃体炎、咽喉炎、白喉、百日咳、角膜云翳、乳腺炎、霉菌性阴道炎、白带、疖肿、小儿脓疱、湿疹、毒蛇咬伤。

露兜树

- 科名 / 露兜树科
- 属名 / 露兜树属
- 别名 / 野菠萝

Pandanus tectorius

	1月	2月	3月	4月	5月	6月	7月	8月	9月	10月	11月	12月
● 花期												
● 果期												

分布

福建、台湾、广东、海南、广西、贵州和云南等省区。

生长环境

生长于海边沙地或引种作绿篱。喜光，喜高温、多湿气候，常生长于海边沙地。

▶ 形态特征

常绿分枝灌木或小乔木，常左右扭曲，具多分枝或不分枝的气根。

花朵 雄花序由若干穗状花序组成，长10~26cm，宽1.5~4.0cm，近白色，先端渐尖，边缘和背面隆起的中脉上具细锯齿；雄花芳香，雄蕊常为10余枚，多可达25枚，着生长于长达9mm的花丝束上。雌花序头状，单生长于枝顶，圆球形。

果实 聚花果大，向下悬垂，由40~80个核果束组成，圆球形或长圆形，幼果绿色，成熟时桔红色。

应用

叶纤维可编制席、帽等工艺品；嫩芽可食。

药用

化腹水、中暑等，并有降血糖功效；果核治睾丸炎及痔疮。

刺瓜

•科名 / 萝藦科　•属名 / 鹅绒藤属
•别名 / 小刺瓜、野苦瓜

Cynanchum corymbosum

	1月	2月	3月	4月	5月	6月	7月	8月	9月	10月	11月	12月
● 花期					████	████		████	████	████		
● 果期	████							████	████	████	████	████

 分布　福建、广东、广西、四川和云南等省区。

 生长环境　生长于山地溪边、河边灌木丛中、疏林潮湿地。

▶ 形态特征

多年生草质藤本；块根粗壮。

茎叶　叶薄纸质，除脉上被毛外无毛，卵形或卵状长圆形，叶面深绿色，叶背苍白色；侧脉约5对。

花朵　伞房状或总状聚伞状花序腋外生，着花约20朵；花萼被柔毛，5深裂；花冠绿白色，近辐状。

果实　蓇葖大形，纺锤状，具弯刺，向端部渐尖，中部膨胀，长9~12cm，中部直径2~3cm；种子卵形，长约7mm；种毛白色绢质，长3cm。

应用

果实纺锤状，多刺，可作珍奇植物观赏。

药用

全株入药，有益气、催乳、解毒之效，用于乳汁不足、神经衰弱、慢性肾炎等病症。

233

假连翘

•科名 / 马鞭草科　•属名 / 假连翘属
•别名 / 金露花、台湾连翘、番仔刺、花墙刺

Duranta repens

备注 本物种果实有毒。

	1月	2月	3月	4月	5月	6月	7月	8月	9月	10月	11月	12月
● 花 期												
● 果 期												

 分布 原产热带美洲，我国南方常见栽培或逸为野生。

 生长环境 喜阳光充足的温暖环境，常栽培于庭园、道旁。

▶ 形态特征

灌木，植株高1.5~3.0m。枝条常下垂，嫩枝有毛。

茎叶 叶对生，稀为轮生；叶片纸质，卵状椭圆形、倒卵形或卵状披针形，长2.0~6.5cm，宽1.5~3.5cm，叶缘中部以上有锯齿。

花朵 总状花序顶生或腋生，常排成圆锥状；花冠蓝色或淡蓝紫色，长约8mm，先端5裂，裂片平展。

果实 核果球形，直径约5mm，熟时红黄色。

应用

植株秀美，花期长、果实玲珑，是理想的绿篱植物。

药用

以叶、果实入药。果实，可截疟、活血止痛；叶，散瘀、解毒。

北马兜铃

- 科名 / 马兜铃科　　● 属名 / 马兜铃属
- 别名 / 万丈龙、臭铃当、天仙藤、葫芦罐、马斗铃

Aristolochia contorta

	1月	2月	3月	4月	5月	6月	7月	8月	9月	10月	11月	12月
● 花　期					███	███	███					
● 果　期								███	███	███		

 分布 吉林、黑龙江、辽宁、河北、河南、内蒙古、山西、陕西、甘肃、山东等省。

 生长环境 生长于山林边缘，溪流沟谷两岸，林缘路旁及山坡灌丛中，有栽培。

▶ 形态特征

草质藤本。

茎叶 叶纸质，互生；叶片三角状心形或卵状心形，长3~13cm，宽3~10cm，全缘。

花朵 花单生或3~10朵簇生长于叶腋，暗紫绿色，喇叭状，长3~4cm。舌片卵状披针形，延伸成1~3cm线形而弯扭的尾尖，黄绿色，常具紫色纵脉。

果实 蒴果宽倒卵形或椭圆状倒卵形，初期绿色，成熟时黄绿色。种子扁平，三角状心形。

应用

花果奇特，可用于垂直绿化。

药用

茎叶称天仙藤，有行气活血、止痛、利尿之效；果称马兜铃，可清热降气、止咳平喘；根称青木香，有小毒，具健胃、理气止痛之效，并有降血压的作用。

235

钩吻

- 科名 / 马钱科　属名 / 钩吻属
- 别名 / 野葛、胡蔓藤、断肠草

Gelsemium elegans (Gardn. et Champ.) Benth.

	1月	2月	3月	4月	5月	6月	7月	8月	9月	10月	11月	12月
● 花 期												
● 果 期												

 分布 江西、福建、台湾、湖南、广东、海南、广西、贵州、云南等省区。

生长环境 生长于海拔500~2000m的山地路旁灌木丛中或潮湿肥沃的丘陵山坡疏林下。

▶ 形态特征

常绿木质藤本，长3~12m。

茎叶 叶片膜质，卵形、卵状长圆形或卵状披针形，长5~12cm，宽2~6cm，基部阔楔形至近圆形。

花朵 花冠黄色，漏斗状，长12~19mm，内面有淡红色斑点；雄蕊着生长于花冠管中部。

果实 蒴果卵形或椭圆形，长10~15mm，直径6~10mm，成熟时通常黑色。

应用

华南地区常用作中兽医草药，对猪、牛、羊有驱虫功效；亦可作农药，防治水稻螟虫。

药用

有消肿止痛、拔毒杀虫之效。

马桑

·科名 / 马桑科 ·属名 / 马桑属
·别名 / 千年红、黑龙须、黑虎大王、野马桑、醉鱼

Coriaria nepalensis Wall.

备注 本物种有毒。

	1月	2月	3月	4月	5月	6月	7月	8月	9月	10月	11月	12月
花期			██	██								
果期					██	██						

 分布 云南、贵州、四川、湖北、陕西、甘肃、西藏。

 生长环境 生长于海拔400~3200m的灌丛中。

▶ 形态特征

灌木，高1.5~2.5m，分枝水平开展。

🌿 茎叶 叶对生，纸质至薄革质，椭圆形，长2.5~8.0cm，宽1.5~4.0cm，全缘。

❀ 花朵 总状花序生长于二年生的枝条上，雄花序先叶开放，长1.5~2.5cm，多花密集；雌花序与叶同出，长4~6cm。花瓣肉质，较小，龙骨状。

🍒 果实 果球形，果期花瓣肉质增大包于果外，成熟时由红色变紫黑色，径4~6mm；种子卵状长圆形。

应用

天然农药来源。果可提酒精。种子榨油可作油漆和油墨。

药用

根、叶入药，有祛风除湿、镇痛、杀虫之效。

237

黑蕊獍猴桃

· 科名 / 獍猴桃科 · 属名 / 獍猴桃属
· 别名 / 黑蕊羊桃

Actinidia melanandra Franch.

	1月	2月	3月	4月	5月	6月	7月	8月	9月	10月	11月	12月
● 花 期					▬▬							
● 果 期											▬	

 分布 四川、贵州、甘肃、陕西、浙江、湖北、江西等地。

生长环境 生长于海拔1000~1600m的山地阔叶林中湿润处。

▶ 形态特征

中型落叶藤本；小枝洁净无毛，直径2.5mm左右。

🌿 **茎叶** 叶纸质，椭圆形或近椭圆形，长6~11cm，宽3.5~5cm。

❀ **花朵** 聚伞状花序1~2回分枝，有花1~7朵；苞片小，钻形，长约1mm；花绿白色，径约15mm；花瓣5片，有时4片或6片，匙状倒卵形，长6~13mm。

🍒 **果实** 果瓶状卵珠形，长约3cm。种子小。

应用

果实酸甜可口，味道浓郁，可食用。植株姿态优美，可观赏。

药用

果实清热解毒，化湿健胃，美容、抗衰老。

阔叶猕猴桃

•科名 / 猕猴桃科　•属名 / 猕猴桃属
•别名 / 多果猕猴桃、多花猕猴桃

Actinidia latifolia (Gardn. (Champ.) Merr.

	1月	2月	3月	4月	5月	6月	7月	8月	9月	10月	11月	12月
● 花 期					████	███						
● 果 期											███	

 分布 四川、江西、湖南、云南、贵州、安徽、台湾、福建、广西、广东等。

 生长环境 生长于海拔450~800m的山地山谷或山沟地带的灌丛中。

▶ 形态特征

大型落叶藤本。小枝基本无毛。

🌱茎叶 叶坚纸质，阔卵形，有时近圆形或长卵形，顶端短尖至渐尖，边缘具小齿。

❀花朵 多花的大型聚伞状花序，雄花花序远较雌性花的长，花有香气，花瓣前半部及边缘部分白色，下半部的中央部分橙黄色，长圆形或倒卵状长圆形。

🍒果实 果暗绿色，圆柱形或卵状圆柱形，长3.0~3.5cm，直径2.0~2.5cm。

应用

果肉酸甜、清香可口、营养丰富，可食用、加工果汁及果酱。

药用

果实，可生津润燥、解热除烦；茎、叶有清热解毒、除湿、消肿止痛之效。

239

软枣猕猴桃

- 科名 / 猕猴桃科　　• 属名 / 猕猴桃属
- 别名 / 软枣子、猕猴梨

Actinidia arguta

	1月	2月	3月	4月	5月	6月	7月	8月	9月	10月	11月	12月
● 花 期						■■■■	■■■■					
● 果 期								■■■■	■■			

分布

分布广阔，从黑龙江至广西境内都有分布，主产东北地区。

生长环境

生长于混交林或水分充足的杂木林中。

▶ 形态特征

大型落叶藤本植物。

茎叶 叶膜质或纸质，卵形、长圆形或阔卵形，长约6~12cm，宽约5~10cm，顶端急短尖，基部圆形至浅心形，正面深绿色，背面绿色。

花朵 花序腋生或腋外生，1~2回分枝，有花1~7朵；苞片线形；花绿白色或黄绿色，芳香；萼片卵圆形至长圆形；花瓣长7~9mm。

果实 果圆球形至柱状长圆形，长2~3cm，成熟时绿黄色或紫红色，无毛无斑点。

应用

果实味道浓郁，酸甜可口，可食用或制果酱、蜜饯、罐头、酿酒；花为蜜源；植物姿态美丽可观赏。

药用

果可药用，为强壮、解热及收敛剂，治热寒反胃、呕逆。

长叶猕猴桃

· 科名 / 猕猴桃科
· 属名 / 猕猴桃属

Actinidia hemsleyana

	1月	2月	3月	4月	5月	6月	7月	8月	9月	10月	11月	12月
● 花 期					▬▬	▬						
● 果 期										▬		

 我国浙江、福建、江西。

 生长于土质肥沃、湿润的山地林间。

▶ 形态特征

大型落叶藤本。

🌿 茎叶 叶纸质，长方椭圆形、长方披针形至长方倒披针形，边缘小锯齿，正面绿色，无毛，背面淡绿色或苍绿色。

❀ 花朵 伞形花序密被黄褐色绒毛，1~3花；苞片钻形，长3mm；花淡红色；萼片卵形、5枚；花瓣5片，倒卵形，长约10mm；雄蕊与花瓣近等长。

 果实 果卵状圆柱形，长约3cm，径约1.8cm，幼时密被金黄色长茸毛，老时毛变黄褐色、脱落。

应用

果实营养价值丰富，可食用。

药用

根，有清热解毒、活血消肿、祛风利湿之效；果实，可清热降火、润燥通便、降血压。

241

中华猕猴桃

•科名 / 猕猴桃科　•属名 / 猕猴桃属
•别名 / 藤梨、白毛桃、阳桃、羊桃

Actinidia chinensis

	1月	2月	3月	4月	5月	6月	7月	8月	9月	10月	11月	12月
● 花期				▬▬	▬▬							
● 果期							▬▬	▬▬				

分布 中南部及陕西、江苏、安徽、浙江、江西、福建等地。

生长环境 生长于低山山林、山坡、林缘和灌丛中。

▶ 形态特征

落叶藤本灌木。

 茎叶 叶纸质，营养枝上叶宽卵圆形至椭圆形，先端极短渐尖至突尖，花枝上叶近圆形，正面暗绿色，背面密被绒毛；叶柄长被灰白色茸毛。

 花朵 花两性，单生或数朵聚生长于叶腋，乳白色，后变黄色，芳香；花瓣5~6，上部近圆形，下部渐狭，光滑，长约1.5cm。

果实 浆果近球形至椭圆形，长约3~5厘长，密被毛。

应用

果实酸甜而营养价值丰富的水果，可鲜食或加工成果脯、果酒、果冻等。

药用

根入药，治疗肝炎、消化不良、水肿、跌打损伤；果实可用于消化不良、食欲不振、呕吐。

242

红毒茴

- 科名 / 木兰科　　• 属名 / 八角属
- 别名 / 窄叶红茴香、披针叶茴香、红茴香、土大茴、山八角

Illicium lanceolatum A. C. Smith

备注 本物种有毒。

	1月	2月	3月	4月	5月	6月	7月	8月	9月	10月	11月	12月
● 花 期				██	██	██						
● 果 期								██	██	██		

分布 江苏、安徽、浙江、江西、福建、湖北、湖南、贵州。

生长环境 常生长于阴湿狭谷和溪流沿岸的混交林、疏林、灌丛中。

▶ 形态特征

灌木或小乔木，高3~10m。

 茎叶 叶互生或稀疏地簇生长于小枝近顶端或排成假轮生，革质，披针形或倒披针形，长5~15cm。

花朵 花腋生或近顶生，单生或2~3朵，红色、深红色；花梗纤细；花被片10~15，肉质，椭圆形或长圆状倒卵形，长8.0~12.5mm，宽6.0~8.0mm。

 果实 蓇葖10~14枚轮状排列；种子长约7mm，宽5mm。

应用

果和叶有强烈香气，是高级香料的原料。种子有毒，浸出液可杀虫。株叶翠绿，花果美丽，可观赏。

药用

根和根皮有毒，入药散瘀止痛、祛风除湿。用于跌打损伤、风湿性关节炎、腰腿痛。

南五味子

- 科名 / 木兰科　• 属名 / 南五味子属
- 别名 / 红木香、紫金藤

Kadsura longipedunculata

	1月	2月	3月	4月	5月	6月	7月	8月	9月	10月	11月	12月
● 花　期						━━	━━	━━	━━			
● 果　期								━	━━	━━	━━	━━

备注 小浆果倒卵圆形。

分布

我国华北以南及西南。

生长环境

生长于山地岩坡、山坡林缘、山沟灌丛。

▶ **形态特征**

木质藤本，分枝多，茎长可达4m以上，光滑无毛，小枝褐色或紫褐色。

 茎叶 单叶互生，叶长圆状披针形或卵状长圆形，革质近纸质，长5~13cm，宽2~6cm，边缘有疏齿，侧脉每边5~7条。

花朵 花单生长于叶腋，单性，雌雄异株，芳香，杯形，具细长花梗而下垂，花被片白色或淡黄色。聚合果球形，径1.5~3.5cm，深红色，果梗长。

果实 小浆果倒卵圆形，长8~14mm，果肉较薄。种子肾形或肾状椭圆体形。

应用

茎、叶、果实可提取芳香油。

药用

根、茎、叶、种子均可入药，有行气活血、消肿敛肺之效；种子可滋补强壮、镇咳。

244

五味子

•科名 / 木兰科　•属名 / 五味子属
•别名 / 北五味子、辽五味子、山花椒、五梅子

Schisandra chinensis

	1月	2月	3月	4月	5月	6月	7月	8月	9月	10月	11月	12月
● 花 期					■■■■■■■■■■							
● 果 期							■■■■■■■■■■■■■■					

分布

河北、山东、黑龙江、吉林、辽宁、内蒙古、山西、宁夏、甘肃。

生长环境

生长于海拔1500m以下的向阳山坡杂林、沟谷、林缘及溪旁灌木中。

▶ **形态特征**

落叶木质藤本。幼枝红褐色，老枝灰褐色。

茎叶 叶互生，膜质，倒卵形、宽椭圆形或卵形，长5~10cm，宽3~5cm，先端急尖或渐尖，边缘有细齿，近基部全缘。

花朵 花多为单性，雌雄异株，花单生或丛生叶腋；花被片粉白色或粉红色，长圆形或椭圆状长圆形。

果实 小浆果球形，成熟时红色；种子1~2粒，肾形，长4~5mm。

应用

果实可食用。

药用

果实入药，有敛肺、滋肾、生津、收汗、涩精之效，可调节血压。

翼梗五味子

- 科名 / 木兰科　·属名 / 五味子属
- 别名 / 黄皮血藤、血藤、峨眉五味子

Schisandra henryi

	1月	2月	3月	4月	5月	6月	7月	8月	9月	10月	11月	12月
● 花期												
● 果期												

分布

四川、浙江、江西、福建、湖北、湖南、广东、广西、贵州、云南等。

生长环境

生长于沟谷边、山坡林下或灌丛中。

▶ 形态特征

木质藤本。

茎叶 单叶互生，近革质，叶宽卵形、长圆状卵形，长6~11cm，宽3~8cm，正面绿色，背面淡绿色，边缘常有浅锯齿。叶柄红色，长2.5~5.0cm，具叶基下延的薄翅。

花朵 花单性，雌雄异株，单生长于叶腋；花被片黄色或黄绿色，8~10片，近圆形，直径0.5~1.3cm。

果实 小浆果红色，球形，直径4~5mm。种子褐黄色，长3~5mm。

应用

优良观赏藤本植物。

药用

果，止咳、益肾；茎，通经活血、强筋壮骨。

白木通

- 科名 / 木通科　·属名 / 木通属
- 别名 / 通草、八月瓜藤、野香蕉、八月瓜、八月札、燕蓄子

Akebia trifoliata

	1月	2月	3月	4月	5月	6月	7月	8月	9月	10月	11月	12月
● 花期				▬▬	▬▬							
● 果期						▬▬	▬▬	▬▬	▬▬			

分布 长江流域各省区以及河南、山西、陕西。

生长环境 生长于山坡灌丛、荒坡半阴处或沟谷疏林中。

▶ 形态特征

落叶木质藤本。

茎叶 掌状复叶，小叶革质，质地较厚，卵状长圆形或卵形，长4~7cm，宽1.5~3.0cm。

花朵 总状花序长7~9cm，常腋生，花紫色微红或淡紫色。雄花：萼片长2~3mm，紫色；雄蕊红色或紫红色。雌花：直径2cm；萼片长9~12mm，宽7~10mm，暗紫色；心皮5~7，紫色。

应用

果实甘甜可食。

药用

果实药用，有舒肝理气、活血止痛、除烦利尿之效，治消化不良。木质茎药用，有泻火行水、通血脉之效，治小便赤涩淋浊、水肿、胸中烦热、妇女经闭、乳汁不通。

三叶木通

•科名 / 木通科　•属名 / 木通属
•别名 / 八月瓜、八月楂、八月瓜藤、三叶拿藤

Akebia trifoliata (Thunb.) Koidz.

	1月	2月	3月	4月	5月	6月	7月	8月	9月	10月	11月	12月
● 花 期												
● 果 期												

应用

果实浆肉甜香浓郁，可食及酿酒。种子可榨油。也可作观赏植物。

药用

根、茎和果均可入药，可利尿、通乳、舒筋活络。

分布

华北至长江流域各省及华南、西南地区有分布。

生长环境

生长于海拔250~2000m的山地沟谷、疏林灌丛中。

▶ **形态特征**

落叶木质藤本。

茎叶 掌状复叶互生或在短枝上的簇生；小叶3片，纸质或薄革质，卵形至阔卵形，边缘具波状齿或浅裂。

花朵 总状花序自短枝簇生叶中抽出；下部有1~2朵雌花，其上有雄花15~30朵。雄花花梗丝状，萼片3枚，淡紫色；雌花萼片3枚，紫褐色。

果实 果长圆形，长6~8cm，直径2~4cm，直或稍弯，成熟时灰白而略有淡紫色；种子极多数，扁卵形，长5~7mm，种皮红褐色或黑褐色。

野木瓜

- 科名 / 木通科　· 属名 / 野木瓜属
- 别名 / 七叶莲、沙引藤、山芭蕉、牛芽标、铁脚梨、木瓜突

Stauntonia chinensis DC

	1月	2月	3月	4月	5月	6月	7月	8月	9月	10月	11月	12月
● 花 期			███	███								
● 果 期					███	███	███	███	███	███		

分布

贵州、广东、广西、湖南、香港、云南、安徽、浙江、江西、福建。

生长环境

生长于山地密林、灌丛或山谷溪边疏林中。

▶ **形态特征**

木质藤本。

🌿 **茎叶** 掌状复叶小叶5~7片；叶柄长5~10cm；小叶革质，长圆形、椭圆形或长圆状披针形，长6~9cm。

❀ **花朵** 花雌雄同株，常3~4朵组成伞房花序式的总状花序。雄花萼片外面淡黄色或乳白色，内面紫红色，蜜腺状花瓣6枚，舌状，长约1.5mm，顶端稍呈紫红色；雌花外轮萼片的长可达22~25mm，蜜腺状花瓣。

🍃 **果实** 果长圆形；种子近三角形，长约1cm。

应用

果实皮薄肉厚，可鲜食或加工作食品。

药用

果实，有平肝和胃、生津止渴、滋脾益肺、抗炎、抗肿瘤之效；全株药用，有舒筋活络的作用。

山葡萄

- 科名 / 葡萄科　　● 属名 / 葡萄属
- 别名 / 阿穆尔葡萄

Vitis amurensis

	1月	2月	3月	4月	5月	6月	7月	8月	9月	10月	11月	12月
● 花期					▬	▬						
● 果期							▬	▬	▬			

分布 黑龙江、吉林、辽宁、河北、山西、山东、安徽、浙江。

生长环境 生长于山坡、沟谷林中或灌丛，海拔200~2100m处。

▶ 形态特征

木质藤本。

茎叶 叶阔卵圆形，长6~24cm，宽5~21cm，叶片或中裂片顶端急尖或渐尖；托叶膜质，褐色，长4~8mm，宽3~5mm，顶端钝，边缘全缘。

花朵 雄蕊，花丝丝状，长0.9~2.0mm，花药黄色；雌蕊，子房锥形，花柱明显，基部略粗。

果实 果实直径1.0~1.5cm；种子倒卵圆形。

应用

果可鲜食和酿酒。

鸡矢藤

●科名 / 茜草科　●属名 / 鸡矢藤属
●别名 / 鸡屎藤、牛皮冻、解暑藤、清风藤、臭藤

Paederia scandens

	1月	2月	3月	4月	5月	6月	7月	8月	9月	10月	11月	12月
● 花 期					███	███	███					
● 果 期									███	███		

 山东、安徽、江苏、浙江、江西、福建、台湾、广东、广西、湖北、湖南等地。

 生长于溪边、河边、路边、山坡林中及灌木林中，常攀缘于其他植物或岩石上，有栽种。

▶ 形态特征

多年生草质藤本，长3~5m。

🍃 **茎叶** 叶对生；叶片卵形椭圆形、长圆形至披针形，纸质或近革质，长5~15cm，宽1~6cm。

❀ **花朵** 聚伞状花序排成顶生的带叶的大圆锥状花序或腋生而疏散少花；花冠浅紫色，管长7~10mm，先端5裂，内面红紫色、被柔毛。

🍒 **果实** 浆果球形，直径5~7mm，成熟时光亮，草黄色。小坚果浅黑色。

应用

可作观赏植物。

药用

全草及根入药，有祛风利湿、止痛解毒、消食化积、活血消肿之效；果实，可解毒疗伤。

鸡眼藤

- 科名 / 茜草科　　• 属名 / 巴戟天属
- 别名 / 小叶羊角藤、细叶巴戟天、百眼藤

Morinda parvifolia

	1月	2月	3月	4月	5月	6月	7月	8月	9月	10月	11月	12月
● 花 期												
● 果 期												

应用

姿态优美，果形奇特，观赏价值高。

药用

全株药用，有清热利湿、化痰止咳之效。

分布

广西、广东、江西、福建、台湾、海南、香港等地。

生长环境

生长于平原路旁、沟边灌丛以及丘陵地的灌丛中或疏林下。

▶ 形态特征

攀缘、缠绕或平卧藤本。

茎叶 叶形多变，生旱阳裸地者叶为倒卵形，具大、小二型叶，生疏阴旱裸地者叶为线状倒披针形或近披针形，攀缘灌木者叶为倒卵状倒披针形、倒披针形、倒卵状长圆形。

花朵 花序3~9个伞状排列于枝顶；花序梗被短细毛；头状花序近球形或稍呈圆锥状，具花3~15朵；花萼下部各花彼此合生；花冠白色，长6~7mm。

果实 聚花核果近球形，熟时橙红至橘红色。

栀子

•科名 / 茜草科　•属名 / 栀子属
•别名 / 黄栀子、黄栀、山栀子、山栀、水栀子、木丹

Gardenia jasminoides Ellis

	1月	2月	3月	4月	5月	6月	7月	8月	9月	10月	11月	12月
● 花　期			▬	▬	▬	▬	▬					
● 果　期	▬	▬	▬		▬	▬	▬	▬	▬	▬	▬	▬

分布 江苏、浙江、安徽、江西、广东、广西、云南、贵州、四川、湖北、福建、台湾等地。

生长环境 生长于低山温暖的疏林中或荒坡、旷野、沟旁、山谷、路边、溪边的灌丛中。

▶ 形态特征

常绿灌木，高0.3~3.0m。

 茎叶 叶对生，革质，稀为纸质，少为3枚轮生，长圆状披针形、长椭圆形或倒卵状长圆形。

花朵 花大、白色、芳香，单生长于枝端或叶腋；花萼绿色，圆筒状；花冠白色或乳黄色。

 果实 果实黄色或橙红色，卵形、近球形、椭圆形或长圆形，革质或带肉质。种子多数，扁，近圆形。

应用

栀子花美而香，常供庭园观赏；栀子果可以泡水饮用或煮粥；花朵可做菜；果实可制作黄色染料。

药用

以果实入药，有泻火除烦、清热利尿、凉血解毒之效。

峨眉蔷薇

- 科名 / 蔷薇科　●属名 / 蔷薇属
- 别名 / 刺石榴、山石榴

Rosa omeiensis Rolfe

	1月	2月	3月	4月	5月	6月	7月	8月	9月	10月	11月	12月
● 花期												
● 果期												

 分布 湖北、四川、云南、陕西、宁夏、甘肃、青海、西藏。

生长环境 多生长于山坡山脚的林下或灌丛中。

▶ 形态特征

直立灌木，高3~4m；小枝细弱。

茎叶 小叶9~13枚，连叶柄长3~6cm；小叶片长圆形或椭圆状长圆形，长8~30mm，宽4~10mm；叶轴和叶柄有散生小皮刺。

花朵 花单生长于叶腋；花直径2.5~3.5cm；萼片4，披针形，全缘；花瓣4，白色，倒三角状卵形。

果实 果倒卵球形或梨形，直径8~15mm，亮红色，成熟时果梗肥大，有宿存萼片。

应用

果实味甜可食也可酿酒，或晒干磨粉掺入面粉作食品。姿态美丽，园艺观赏价值高。

药用

果可入药，有止血、止痢之效，治吐血、痢疾。

粉枝莓

- 科名 / 蔷薇科 - 属名 / 悬钩子属
- 别名 / 二花莓、二花悬钩子

Rubus biflorus

	1月	2月	3月	4月	5月	6月	7月	8月	9月	10月	11月	12月
● 花 期												
● 果 期												

 分布 云南、西藏、陕西、湖北、甘肃、四川等地。

 生长环境 生长于山谷、山坡、林缘、河边或山地杂木林。

▶ 形态特征

攀缘灌木，高1~3m。

茎叶 小叶常3枚，稀5枚，长2.5~5.0cm，顶生小叶宽卵形或近圆形，侧生小叶卵形或椭圆形。

花朵 花2~8朵，常簇生或成伞房状花序；花直径1.5~2.0cm；萼片宽卵形或圆卵形，顶端急尖，花时直立开展、果时外包果实；花瓣5枚，近圆形，白色。

果实 果实球形，直径约1.5cm，黄色或橙黄色。

应用

果可食用或酿酒。可作高原观赏植物。

药用

可入药，清热解毒，治疗感冒。

255

褐梨

- 科名 / 蔷薇科　- 属名 / 梨属
- 别名 / 棠杜梨、杜梨

Pyrus phaeocarpa Rehd.

	1月	2月	3月	4月	5月	6月	7月	8月	9月	10月	11月	12月
● 花　期				▬								
● 果　期								▬	▬			

分布

河北、山西、山东、陕西、甘肃。

生长环境

生长于黄土丘陵地或山坡杂木林中。

▶ **形态特征**

落叶乔木，高达5~8m。

 茎叶 冬芽长卵形，先端圆钝，鳞片边缘具绒毛。叶椭圆卵形至长卵形，长6~10cm，宽3.5~5.0cm，边缘有尖锐锯齿。

花朵 伞形总状花序，有花5~8朵，总花梗和花梗嫩时具绒毛，逐渐脱落，花梗长2.0~2.5cm；苞片线状披针形，膜质，早落；花直径约3cm；花瓣卵形白色，长1.0~1.5cm，宽0.8~1.2cm。

果实 果实球形或卵形，直径2.0~2.5cm，褐色，有斑点，梗长2~4cm。

应用

可作观赏树种，花果可泡茶，常作梨的砧木。

药用

果实，消食、化痰、润燥；花，美肤。

黄毛草莓

• 科名 / 蔷薇科　　• 属名 / 草莓属
• 别名 / 锈毛草莓、白草莓、白蔗、白泡儿

Fragaria nilgerrensis

	1月	2月	3月	4月	5月	6月	7月	8月	9月	10月	11月	12月
● 花　期				████	████	████	████					
● 果　期						████	████					

 分布 云南、贵州、四川、陕西、湖北、湖南、台湾等地。

 生长环境 生长于山坡草地、沟边、林下。

▶ 形态特征

多年生草本，粗壮，密集成丛，高5~25cm。

🌿 **茎叶** 叶三出，小叶倒卵形或椭圆形，长1.0~4.5cm，顶端圆钝，边缘具缺刻状锯齿，锯齿顶端急尖或圆钝，正面深绿色，被疏柔毛，背面淡绿色。

❀ **花朵** 聚伞状花序1~5朵，花序下部有小叶；花两性，直径1~2cm；萼片卵状披针形，副萼片披针形，果时增大；花瓣白色，圆形，5枚。

应用

果实可食用。可作为地被观赏植物。

药用

全草入药，有清热解毒、祛风止咳之效。

257

西康花楸

- 科名 / 蔷薇科　　· 属名 / 花楸属
- 别名 / 蒲氏花楸、爪瓣花楸

Sorbus prattii Koehne

	1月	2月	3月	4月	5月	6月	7月	8月	9月	10月	11月	12月
● 花期					▬▬▬▬							
● 果期									▬▬			

 分布 四川西部、云南西北部和西藏东南部。

生长环境 生长于海拔2100~3700m的高山杂木丛林内。

▶ 形态特征

灌木植物，高2~5m。小枝圆柱形，细弱，暗灰色。

🌿 茎叶 叶互生，奇数羽状复叶；小叶片9~13对，间隔6~10mm，长圆形，长1.5~2.5cm，宽5~8mm，边缘自中部以上有尖锐细锯齿，正面无毛深绿色。

❀ 花朵 复伞房花序较疏松，多着生在侧生短枝上；花瓣宽卵形，白色，长约5mm，宽4mm。

应用

枝叶优美、果实玲珑，观赏价值高。

药用

根皮入药，有行气止痛、温肾助阳之效，用于治疗牙龈肿痛、肾虚阳痿。

野草莓

- 科名 / 蔷薇科 · 属名 / 草莓属
- 别名 / 欧洲草莓、森林草莓

Fragaria vesca L.

	1月	2月	3月	4月	5月	6月	7月	8月	9月	10月	11月	12月
● 花期				■■■■■■■■■■■■								
● 果期						■■■■■■■■■■■■■■■■						

 分布 吉林、陕西、甘肃、四川、云南、广东、贵州和新疆等地。

生长环境 生长于北温带的森林、山坡、草地、林下、溪边。

▶ 形态特征

多年生草本。高5~30cm。

🌿 **茎叶** 叶柄长3~20cm；小叶3枚，稀羽状5小叶；小叶片倒卵圆形、椭圆形或宽卵圆形，长1~5cm，宽0.6~4.0cm，边缘具缺刻状锯齿，正面绿色、背面淡绿色。

✿ **花朵** 花序聚伞状，花2~5朵，花梗被柔毛，长1~3cm；花瓣白色，倒卵形，5枚。

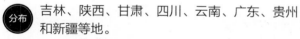

应用

果实可食用或制作果酱，叶可泡茶。

药用

全草入药，有止咳清热、利咽生津、健脾和胃、醒酒之效。

259

掌叶覆盆子

•科名 / 蔷薇科　属名 / 悬钩子属
•别名 / 华东覆盆子、大号角公、牛奶母、覆盆子

Rubus chingii

	1月	2月	3月	4月	5月	6月	7月	8月	9月	10月	11月	12月
● 花期												
● 果期												

分布 江苏、浙江、江西、福建、安徽、广西等地。

生长环境 生长于山坡、溪边疏密林下或分水岭杂木林中，海拔1550~2450m处。

▶ 形态特征

落叶藤状灌木，高1.5~3.0m，枝细而有皮刺。

茎叶 单叶掌状深裂，边缘锯齿，顶生裂片与侧生裂片近等长或稍长。

花朵 单花腋生，直径2.5~4.0cm；花梗长2.0~3.5cm；花瓣5枚，椭圆形或卵状长圆形，白色，顶端圆钝，长1.0~1.5cm，宽0.7~1.2cm。

果实 聚合果近球形，红色或橙色，密被灰白色柔毛。

应用

果实味甜，可食用、制糖及酿酒。叶可泡茶。也可作观赏植物。

药用

果可入药，有益肾、固精、缩尿之效，为中药"覆盆子"正品。

刺梨

•科名 / 蔷薇科　•属名 / 蔷薇属
•别名 / 缫丝花

Rosa roxburghii

	1月	2月	3月	4月	5月	6月	7月	8月	9月	10月	11月	12月
● 花 期				▬	▬	▬	▬					
● 果 期							▬	▬	▬	▬		

 分布 陕西、甘肃、江西、安徽、浙江、福建、湖南、湖北、四川、云南、贵州、西藏等省区。

 生长环境 喜温暖湿润和阳光充足的环境，适应性强，较耐寒，稍耐阴。

▶ 形态特征

灌木，高1.0~2.5m；小枝圆柱形，斜向上升，有皮刺。

茎叶 小叶片椭圆形或长圆形，长1~2cm，宽6.0~12mm，边缘有细锐锯齿，两面无毛。

花朵 花直径5~6cm；花梗短；小苞片2~3枚，卵形，边缘有腺毛；花瓣重瓣至半重瓣，淡红色或粉红色，微香，倒卵形，外轮花瓣大，内轮较小。

果实 果扁球形，直径3~4cm，绿红色。

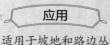

应用

适用于坡地和路边丛植绿化。

药用

根：消食健脾，收敛止泻。果：解暑，消食。

豆梨

·科名 / 蔷薇科 ·属名 / 梨属
·别名 / 鹿梨、野梨、糖梨、阳檖、棠梨

Pyrus calleryana Decne.

	1月	2月	3月	4月	5月	6月	7月	8月	9月	10月	11月	12月
● 花 期				▬								
● 果 期								▬▬▬▬				

 分布 山东、河南、江苏、浙江、安徽、湖北、湖南、江西、广东、福建。

生长环境 适生长于山坡、平原或山谷杂木林。

▶ 形态特征

落叶乔木，高5~8m。

🌿 **茎叶** 冬芽三角卵形。叶片宽卵形至卵形，稀长椭卵形，长4~8cm，宽3.5~6.0cm，边缘有钝锯齿。

🌸 **花朵** 伞形总状花序，花6~12朵，总花梗和花梗均无毛；苞片膜质，线状披针形；花直径2.0~2.5cm；萼片披针形；花瓣卵形，长约13mm，宽约10mm，白色。

🍒 **果实** 梨果球形，直径约1cm，黑褐色，有斑点，果梗细长。

应用

果味酸、微甜，适合熬制糖水。常用作砧木。

药用

根、叶、果实均可入药，有和胃、止痢、清热、润肺、止咳之效。

262

花红

· 科名 / 蔷薇科　· 属名 / 苹果属
· 别名 / 沙果、林檎、文林郎果、奈子、文林果、联珠果

Malus asiatica Nakai

	1月	2月	3月	4月	5月	6月	7月	8月	9月	10月	11月	12月
● 花期												
● 果期												

 分布 内蒙古、辽宁、河北、山东、河南、山西、甘肃、陕西、湖北、四川、贵州、新疆等地。

 生长环境 适宜生长山坡阳处、平原砂地，有栽培。

▶ 形态特征

小乔木，高4~6m。嫩枝密被柔毛，老枝暗紫褐色，有稀疏浅色皮孔。

茎叶 冬芽卵形，灰红色。叶片卵形或椭圆形，长5~11cm，宽4.0~5.5cm，边缘有细锐锯齿。

花朵 伞房花序，花4~7朵；花直径3~4cm；花瓣5枚，淡粉色，倒卵形或长圆倒卵形，长8~13mm。

果实 果实卵形或近球形，直径4~5cm，黄色或红色，基部陷入。

应用

果实肉脆汁多、甘酸可口，可鲜食、煮汤，并可加工制果干、果丹皮及用于酿果酒。

药用

果实，止渴生津，有开胃、解暑、止泻、涩精之效。

火棘

- 科名 / 蔷薇科　• 属名 / 火棘属
- 别名 / 火把果、救兵粮、救军粮、豆金娘、红子

Pyracantha fortuneana

	1月	2月	3月	4月	5月	6月	7月	8月	9月	10月	11月	12月
● 花 期			███	███	███							
● 果 期								███	███	███	███	

分布　华东、华中及西南地区。

生长环境　生长于山地、丘陵地阳坡灌丛草地及河沟路旁，有栽培。

▶ 形态特征

常绿灌木，高达3m。

茎叶　叶倒卵形或倒卵状长圆形，长1.5~6.0cm，宽0.5~2.0cm，边缘有钝锯齿，近基部全缘。

花朵　花白色，集成复伞房花序；花瓣白色，近圆形，长约4mm，宽约3mm。

果实　果实近球形，直径约5mm，橘红色或深红色。

应用

果实可鲜食或制作饮料。也是优良的春季看花、冬季观果的观赏植物。

药用

果，消积止痢、活血止血，用于消化不良、肠炎、痢疾；根，清热凉血、化瘀止痛；叶，清热解毒。

金樱子

- 科名 / 蔷薇科　　· 属名 / 蔷薇属
- 别名 / 山石榴

Rosa laevigata

	1月	2月	3月	4月	5月	6月	7月	8月	9月	10月	11月	12月
花期				████	████	███						
果期							████	████	████	████	███	

 分布 陕西、安徽、江西、江苏、浙江、湖北、湖南、广东、广西、台湾、福建、贵州等省区。

 生长环境 喜生长于向阳的山野、田边、溪畔灌木丛中，海拔200~1600m处。

▶ 形态特征

常绿攀缘灌木，高可达5m。

茎叶 小叶片椭圆状卵形、倒卵形或披针状卵形，长2~6cm，宽1.2~3.5cm。

花朵 花单生长于叶腋，直径5~7cm；萼片卵状披针形，边缘羽状浅裂或全缘，常有刺毛和腺毛，内面密被柔毛；花瓣白色，宽倒卵形，先端微凹。

果实 果梨形或倒卵形，紫褐色。

应用

果实可熬糖及酿酒。

药用

固精缩尿，固崩止带，涩肠止泻。根有活血散瘀、祛风除湿、解毒收敛及杀虫等功效。

毛樱桃

- 科名 / 蔷薇科　·属名 / 樱属
- 别名 / 山樱桃、李桃、山豆子、梅桃、野樱桃

Cerasus tomentosa

	1月	2月	3月	4月	5月	6月	7月	8月	9月	10月	11月	12月
● 花 期												
● 果 期												

分布 我国华北、东北、西北、西南地区。

生长环境 生长于向阳山坡、山林、林缘、灌丛中或草地。

▶ 形态特征

落叶灌木，或呈小乔木状。

 茎叶 叶倒卵形至椭圆状卵形，长5~7cm，正面深绿色或暗绿色，背面灰绿色，锯齿常不整齐。

花朵 花两性，稍先叶开放；单生或两朵簇生；花瓣5，倒卵形，白色或略带粉色，先端圆钝；萼基部连合成管状或杯状。

果实 核果近球形，径约1cm，红色。

应用

果实甜而微酸，可生食、榨汁、酿果酒、制罐头；核仁可榨油。花果美丽，还可庭园栽培供观赏。

药用

种仁入药，润肠利水；果实益气固精、健脾。

茅莓

- 科名 / 蔷薇科　　· 属名 / 悬钩子属
- 别名 / 红梅消

Rubus parvifolius

	1月	2月	3月	4月	5月	6月	7月	8月	9月	10月	11月	12月
● 花期					▬▬	▬▬						
● 果期							▬▬	▬▬				

 分布 华北、华中、华东、华南以及西南等地区。

 生长环境 生山坡杂木林下、向阳山谷、路旁或荒野，海拔400~2600m处。日本、朝鲜也有。

▶ 形态特征

灌木，高1~2m；枝呈弓形弯曲。

茎叶 叶柄长2.5~5.0cm，顶生小叶柄长1~2cm，均被柔毛和稀疏小皮刺；托叶线形，长5~7mm。

花朵 苞片线形，有柔毛；花直径约1cm；花瓣卵圆形或长圆形，粉红至紫红色；雄蕊花丝白色，稍短于花瓣；子房具柔毛。

果实 果实卵球形，红色；核有浅皱纹。

应用

果实酸甜多汁，可供食用、酿酒及制醋等；根和叶含单宁，可提取栲胶。

药用

全株入药，有止痛、活血、祛风湿及解毒之效。

欧李

• 科名 / 蔷薇科　• 属名 / 樱属
• 别名 / 乌拉奈、酸丁、山梅子、小李仁、钙果

Cerasus humilis

	1月	2月	3月	4月	5月	6月	7月	8月	9月	10月	11月	12月
● 花 期				■■■■	■■■■							
● 果 期						■■■	■■■	■■■	■■■	■■■		

分布 东北及内蒙古、河北、山东、河南等地。

生长环境 生长于阳坡砂地、山地灌丛中，或栽培。

▶ 形态特征

落叶灌木，高0.4~1.5m。小枝灰褐色或棕褐色。

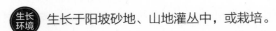 **茎叶** 叶互生；叶柄短；托叶条形；叶片矩圆状倒卵形或椭圆形，长1.5~5cm，宽约2cm。

花朵 花与叶同时开放，单生或2朵并生长于叶腋；花瓣白色或粉红色，上具较深的同色网纹，长圆形或倒卵形。

果实 核果近球形，红色或紫红色，直径1.5~1.8cm。

应用

果酸甜可口，营养丰富，尤其是含钙量高。

药用

种仁入药，用于津枯肠燥、食积气滞、腹胀便秘、小便不利、水肿。

蓬藁

•科名 / 蔷薇科　属名 / 悬钩子属
•别名 / 泼盘、三月泡、割田蔍、野杜利

Rubus hirsutus Thunb.

	1月	2月	3月	4月	5月	6月	7月	8月	9月	10月	11月	12月
● 花期				▬								
● 果期					▬	▬						

分布 江苏、江西、浙江、河南、安徽、福建、台湾等地。

生长环境 生长于山坡疏林、溪边路旁等阴湿处或灌丛中。

▶ 形态特征

落叶灌木。茎疏生皮刺。

茎叶 单数羽状复叶，簇生或互生，叶轴及柄均被腺毛及钩刺；小叶3~5枚，卵形或宽卵形。

花朵 花常单生长于侧枝顶端，也有腋生；花大，直径3~4cm；花瓣倒卵形或近圆形，白色；萼片直立或反折。

果实 聚合果近球形，直径约2cm，鲜红色。

应用

果实可以直接食用或加工成蜜饯、果酱等。

药用

全株及根入药，有消炎解毒、清热镇惊、活血、祛风湿之效。

秋子梨

- 科名 / 蔷薇科　　• 属名 / 梨属
- 别名 / 花盖梨、山梨、酸梨、青梨、沙果梨

Pyrus ussuriensis

	1月	2月	3月	4月	5月	6月	7月	8月	9月	10月	11月	12月
● 花 期					▬							
● 果 期								▬▬▬▬▬				

分布 华北、西北地区。

生长环境 抗寒力强，适于生长在寒冷而干燥的山区，多栽培。

▶ 形态特征

落叶乔木，高达15m。二年生枝条黄灰色至紫褐色。

茎叶 叶片卵形至宽卵形，长5~10cm，边缘有尖锐锯齿；托叶线状披针形，早落。

花朵 花序密集，有花5~7朵；花梗长2~5cm；苞片膜质，线状披针形；花瓣倒卵形或广卵形，白色。

果实 果实近球形，黄色，直径2~6cm，萼片宿存，基部微下陷，短果梗长1~2cm。

应用

果实可食用，常与冰糖煎膏或熬制糖水，有清肺止咳之效。

药用

果实可解热祛痰，治肺热、咳嗽、痰多；叶可治水肿、小便不利。

山莓

• 科名 / 蔷薇科　• 属名 / 悬钩子属
• 别名 / 树莓、三月泡、山抛子、牛奶泡、撒秧泡

Rubus corchorifolius

	1月	2月	3月	4月	5月	6月	7月	8月	9月	10月	11月	12月
● 花期		▬	▬									
● 果期				▬	▬	▬						

 分布 除东北和甘肃、青海、新疆、西藏外，全国均有分布。

 生长环境 普遍生长于向阳山坡、溪边、山谷、灌丛、荒地和村落附近。

▶ 形态特征

落叶直立灌木，高1~3m；枝具皮刺。

 茎叶 单叶，卵形至卵状披针形，长5~12cm，宽2.5~5.0cm，正面色较浅而背面色稍深。

花朵 花单生或少数生长于短枝上；花直径可达3cm；花瓣长圆形或椭圆形，5枚，白色，顶端圆钝，长9~12mm，宽6~8mm。

果实 果实由很多小核果组成，近球形或卵球形，鲜红色，密被细柔毛。

应用

果味甜美，营养丰富，可生食、制果酱及酿酒。

药用

果、根及叶入药，有活血、解毒、消肿、止血之效。

271

山杏

- 科名 / 蔷薇科　　● 属名 / 杏属
- 别名 / 西伯利亚杏、野杏、杏子

Armeniaca sibirica

	1月	2月	3月	4月	5月	6月	7月	8月	9月	10月	11月	12月
● 花期			▬	▬								
● 果期						▬	▬					

 分布 辽宁、河北、内蒙古、山东、山西、陕西、宁夏、甘肃、江苏等地。

 生长环境 生长于干燥向阳山坡上、丘陵草原，有栽培。

▶ 形态特征

落叶乔木或灌木，高2~5m或更高。树皮暗灰色。

🌿 **茎叶** 叶片卵形或近圆形，叶边有细钝锯齿，两面无毛；叶柄长2.0~3.5cm。

✿ **花朵** 花单生，直径1.5~2.0cm，先于叶开放；花梗短；花瓣近圆形或倒卵形，白色或粉红色；雄蕊几与花瓣近等长。

🍒 **果实** 果实扁球形，直径1.5~2.5cm，黄色或橘红色，有时具红晕；核扁球形，易与果肉分离。

应用

野果适合加工成果脯、果丹皮、果酒。可作选育耐寒杏品种的砧木。种仁可榨油。

药用

种仁供药用，有毒性，主治咳嗽气喘、胸满痰多、血虚津枯、肠燥便秘。

山楂

• 科名 / 蔷薇科　• 属名 / 山楂属
• 别名 / 山里红、山里果、酸里红、红果、红果子、山林果

Crataegus pinnatifida

	1月	2月	3月	4月	5月	6月	7月	8月	9月	10月	11月	12月
● 花期					▬▬	▬▬						
● 果期									▬▬	▬▬		

分布 东北、华北和江苏、内蒙古、陕西等地。

生长环境 生长于海拔100~1500m的山坡林边或灌丛中，有栽种。

▶ 形态特征

落叶乔木，高达6m；树皮粗糙，小枝紫褐色。

茎叶 叶宽卵形或三角状卵形，稀菱状卵形，长5~10cm，宽4.0~7.5cm，边缘有尖锐稀疏不规则重锯齿。

花朵 伞房花序，多花；花瓣5片，倒卵形或近圆形，白色，直径约1.5cm；花药粉红色。

应用

果酸甜，可生吃，制作糖葫芦、果酱、果糕，也可煲汤等。树可作绿篱和观赏树。

药用

果干制后入药，有消食积、散瘀血、驱绦虫、健胃之效；叶可活血化瘀、宣通心脉、理气舒络。

蛇莓

- 科名 / 蔷薇科　• 属名 / 蛇莓属
- 别名 / 蛇泡草、龙吐珠、蛇含草、三爪风、三叶莓

Duchesnea indica

	1月	2月	3月	4月	5月	6月	7月	8月	9月	10月	11月	12月
● 花 期												
● 果 期												

分布 我国辽宁以南各省区。

生长环境 生长于山坡、路旁、沟边、田埂、河岸、草地等潮湿的地方。

▶ 形态特征

多年生草本。根茎粗而短。

 茎叶 基生叶与茎生叶均为三出复叶；小叶倒卵形或菱形长圆形，长2.0~3.5cm，先端圆钝，边缘有钝锯齿。

 花朵 花在叶腋单生，径1.5~2.5cm；花瓣黄色，倒卵形，长5~10mm；花托在果期膨大，海绵质，鲜红色，径1~2cm。

石斑木

- 科名 / 蔷薇科　　・属名 / 石斑木属
- 别名 / 车轮梅、春花、白杏花、山花木、凿角、雷公树

Rhaphiolepis indica

	1月	2月	3月	4月	5月	6月	7月	8月	9月	10月	11月	12月
● 花 期				▬								
● 果 期							▬▬▬▬					

 分布 安徽、湖南、浙江、江西、贵州、云南、广东、广西、福建、台湾。

 生长环境 生长于山坡、山地、路边、林间或溪边灌木林。

▶ 形态特征

常绿灌木，高可达3~4m。树皮暗紫褐色或暗灰色。

茎叶 叶互生，革质或薄革质，卵形、长椭圆形，或倒卵至倒卵状披针形，长3.5~8.0cm，宽1.5~4.0cm，表面暗绿色，边缘具锯齿。

花朵 圆锥状花序或总状花序顶生；花白色，凋谢前略带粉红色；花瓣5，白色或淡红色，倒卵形或披针形，长5~7mm，宽4~5mm，先端圆钝。

果实 果球形，直径约5mm，熟时紫黑色。

应用

果实可食，嫩叶也可食用。可作园林观赏植物。

药用

根和叶入药，有活血消肿、凉血解毒之效，主治跌打损伤、关节炎、瘀肿。

275

桃

- 科名 / 蔷薇科
- 属名 / 桃属

Amygdalus persica

	1月	2月	3月	4月	5月	6月	7月	8月	9月	10月	11月	12月
● 花 期			▬▬▬▬▬▬									
● 果 期								▬▬▬▬▬▬				

 分布 原产我国，各省区广泛栽培。

 生长环境 世界各地均有栽植。

▶ 形态特征

乔木，高3~8m。

茎叶 叶片长圆披针形、椭圆披针形或倒卵状披针形，长7~15cm，宽2.0~3.5cm，先端渐尖，基部宽楔形，上面无毛，下面在脉腋间具少数短柔毛或无毛。

花朵 花单生，先于叶开放，直径2.5~3.5cm；花瓣长圆状椭圆形至宽倒卵形，粉红色，罕为白色。

果实 果肉白色、浅绿白色、黄色、橙黄色或红色，多汁有香味；核大，椭圆形或近圆形。

应用

桃树干上分泌的胶质，俗称桃胶，可用作粘接剂等，为一种聚糖类物质，水解能生成阿拉伯糖、半乳糖、木糖、鼠李糖、葡糖醛酸等。

药用

有破血、和血、益气之效。

野山楂

•科名 / 蔷薇科　•属名 / 山楂属
•别名 / 小叶山楂、牧虎梨、山梨、红果子、南山楂

Crataegus cuneata

	1月	2月	3月	4月	5月	6月	7月	8月	9月	10月	11月	12月
● 花期												
● 果期												

分布 江苏、浙江、云南、河南、湖北、江西、湖南、安徽、贵州、广东、福建。

生长环境 生山坡沟边、山谷、路旁或山地灌木丛中。

▶ 形态特征

落叶灌木，高达15m，分枝密，通常具细刺。

 茎叶 冬芽三角卵形，紫褐色。叶片宽倒卵形至倒卵状长圆形，长2~6cm；托叶草质，镰刀状。

花朵 伞房花序，直径2.0~2.5cm，具花5~7朵，总花梗和花梗均被柔毛。花直径约1.5cm；花瓣近圆形或倒卵形，长6~7mm，白色。

 果实 果实近球形或扁球形，直径1.0~1.2cm，红色或黄色，常有宿存反折萼片。

应用

果实多肉，可生食、酿酒或制果酱，嫩叶可以泡茶。

药用

果入药，有健胃消积、收敛止血、散瘀止痛之效。

酸浆

- 科名 / 茄科　·属名 / 酸浆属
- 别名 / 锦灯笼、灯笼草、红菇娘、挂金灯、戈力、灯笼果

Physalis alkekengi

		1月	2月	3月	4月	5月	6月	7月	8月	9月	10月	11月	12月
●	花期												
●	果期												

分布

甘肃、四川、河南、湖北、云南。

生长环境

常生长于空旷地、山坡、林下、路旁及田野草丛中。

▶ 形态特征

多年生草本，基部匍匐生根，高40~80cm。

☘ 茎叶 叶互生，常2枚生长于一节；叶片长卵形至阔卵形，长5~15cm，宽2~8cm。

❀ 花朵 花单生长于叶腋。花萼阔钟状5裂，萼齿三角形，花后萼筒膨大，变为橙红或深红色，呈灯笼状包被浆果；花冠辐状，白色，5裂，裂片开展，阔而短，先端骤然狭窄成三角形尖头。

🍒 果实 浆果球状，橙红色，直径10~15mm，柔软多汁。种子肾形，淡黄色。

应用

果甜美清香，是著名野果，可生食、糖渍。

药用

果实具有清热、解毒、利尿、降压、强心、抑菌之效，主治急性扁桃体炎和水肿等病症。

鬼吹箫

- 科名 / 忍冬科 ・属名 / 鬼吹箫属
- 别名 / 鬼吹哨、空心木、野芦柴

Leycesteria formosa

	1月	2月	3月	4月	5月	6月	7月	8月	9月	10月	11月	12月
● 花期												
● 果期												

分布 四川、贵州、云南和西藏。

生长环境 生长于山坡、山谷、溪沟边或河边的林下、林缘或灌丛中。

▶ 形态特征

灌木，高1.0~2.5m。

 茎叶 叶纸质，卵状披针形、卵状矩圆形至卵形，长5~12cm，边常全缘。

 花朵 穗状花序顶生或腋生，每节具6朵花，具3朵花的聚伞状花序对生；苞片叶状，绿色、带紫色或紫红色，每轮6枚；花冠白色或粉红色，漏斗状。

果实 果实由红色变黑紫色，卵圆形或近圆形；种子微小，多数，淡棕褐色，广椭圆形至矩圆形。

应用

花果奇特，观赏价值高。

药用

全株可药用，有破血调经、祛风除湿、化痰平喘、利水消肿之效，主治风湿性关节炎、月经不调及尿道炎。

蓝靛果

- 科名 / 忍冬科　• 属名 / 忍冬属
- 别名 / 蓝果忍冬、蓝靛果忍冬、黑瞎子果、山茄子果

Lonicera caerulea L. var. edulis Turcz. ex Herd.

	1月	2月	3月	4月	5月	6月	7月	8月	9月	10月	11月	12月
● 花 期				■	■	■						
● 果 期							■	■	■			

分布

东北、西北和河北、山西、四川北部及云南西北部。

生长环境

生长于落叶林下或林缘荫处灌丛中。

▶ 形态特征

落叶灌木，多分枝，高约1.5m。幼枝有毛，老枝棕色。

🌿 **茎叶** 冬芽叉开，长卵形，顶锐尖，有时具副芽。叶卵状椭圆形、卵状长圆形，全缘，厚纸质，两面疏生短硬毛。

❀ **花朵** 总花梗长2~10mm；苞片条形，长为萼筒的2~3倍；花冠长1.0~1.3cm，黄白色，外有柔毛，基部具浅囊。

🍒 **果实** 果实蓝黑色，被白粉，椭圆形或球形，长约1.5cm。

应用

果实可食用，酸甜多浆汁。

药用

果实入药，有清热解毒之效，治腹胀、胃溃疡，可抗癌、降血脂。

薜荔

- 科名 / 桑科　　· 属名 / 榕属
- 别名 / 凉粉子、凉粉果、木莲、冰粉子、木馒头

Ficus pumila Linn.

	1 月	2 月	3 月	4 月	5 月	6 月	7 月	8 月	9 月	10 月	11 月	12 月
● 花 期					━━━━━━━━━━━━━━━━							
● 果 期					━━━━━━━━━━━━━━━━							

 分布 台湾、福建、江西、浙江、安徽、江苏、湖南、广东、广西、贵州、云南、四川及陕西。

 生长环境 爬墙或岩生，生长于旷野树上或村边残墙破壁上或石灰岩山坡上，有栽培。

▶ 形态特征

常绿攀缘或匍匐灌木，有乳汁。

茎叶 茎灰褐色，多分枝。叶卵状心形，长约2.5cm，叶大而厚、革质，卵状椭圆形，长5~10cm，宽2~4cm，全缘。

花朵 隐头花序；花单性，小花多数，着生在肉质花托的内壁上。

果实 榕果单生叶腋，瘿花果梨形。

应用

瘦果水洗可作凉粉食用，晶莹剔透，细嫩。可用于垂直绿化，观赏价值高。

药用

藤叶药用，有祛风、利湿、活血、解毒之效。

281

粗叶榕

- 科名 / 桑科　· 属名 / 榕属
- 别名 / 佛掌榕

Ficus hirta

	1月	2月	3月	4月	5月	6月	7月	8月	9月	10月	11月	12月
● 花期												
● 果期												

 分布 云南、贵州、广西、广东、海南、湖南、福建、江西。

 生长环境 生长于山谷、溪旁。

▶ 形态特征

灌木或小乔木，嫩枝中空，小枝。

🍃 **茎叶** 叶互生，纸质，长椭圆状披针形或广卵形，长10~25cm，边缘具细锯齿，有时全缘或3~5深裂，先端急尖或渐尖，基部圆形、浅心形或宽楔形，表面疏生贴伏粗硬毛，背面密或疏生开展的白色或黄褐色绵毛和糙毛，基生脉3~5条，侧脉每边4~7条；叶柄长2~8cm；托叶卵状披针形，长10~30mm，膜质，红色，被柔毛。

应用

茎皮纤维制麻绳、麻袋。

药用

治风气，去红肿。根、果祛风湿，益气固表。

大果榕

· 科名 / 桑科 · 属名 / 榕属
· 别名 / 馒头果、木瓜榕、大无花果、波罗果、蜜枇杷

Ficus auriculata

	1月	2月	3月	4月	5月	6月	7月	8月	9月	10月	11月	12月
● 花期												
● 果期												

分布 海南、广西、云南、贵州和四川西南部等，印度、越南等也有分布。

生长环境 生长于低山沟谷、潮湿雨林中。

▶ 形态特征

乔木或小乔木，高4~10m。树皮灰褐色，粗糙。

🌿 **茎叶** 叶互生，厚纸质，广卵状心形，长15~55cm，宽15~27cm，基部心形，稀圆形。

❀ **花朵** 雄花，无柄，花被片3，匙形，薄膜质，透明；瘿花花被片下部合生，上部3裂；雌花，生长于另一植株榕果内，花被片3裂。

🍒 **果实** 瘦果有黏液。梨形或扁球形，直径3~6cm，幼时被白色，成熟红褐色。

应用

榕果成熟时味甜可生食。嫩叶可作蔬菜食用。

药用

叶入药，有清热、解表、化湿、气根、发汗、清热、透疹之效。

构树

- 科名 / 桑科　- 属名 / 构属
- 别名 / 楮树

Broussonetia papyrifera

	1月	2月	3月	4月	5月	6月	7月	8月	9月	10月	11月	12月
● 花 期				▬▬▬	▬▬							
● 果 期						▬▬▬	▬					

 分布 黄河、长江、珠江流域。

生长环境 喜光，适应性强，耐干旱瘠薄，也能生长于水边，多生长于石灰岩山地。

▶ 形态特征

乔木，高10~20m；树皮暗灰色；小枝密生柔毛。

茎叶 叶螺旋状排列，广卵形至长椭圆状卵形，长6~18cm，宽5~9cm，边缘具粗锯齿。

花朵 花雌雄异株。雄花序为柔荑花序，粗壮，长3~8cm，顶端与花柱紧贴。

果实 球状果序成熟时橙红色，肉质；瘦果具与等长的柄，表面有小瘤，龙骨双层，外果皮壳质。

应用

嫩叶可喂猪。适合用作矿区及荒山坡地绿化，亦可选作庭荫树及防护林用。

药用

补肾、明目、强筋骨。

面包树

•科名 / 桑科 •属名 / 波罗蜜属
•别名 / 面包果树

Artocarpus incisa

	1月	2月	3月	4月	5月	6月	7月	8月	9月	10月	11月	12月
花 期												
果 期												

 分布 我国广东、海南、台湾亦有栽培。

生长环境 生长于阳光强烈的热带地区。

▶ 形态特征

常绿乔木，高10~15m；树皮灰褐色，粗厚。

茎叶 叶大，互生，厚革质，卵形至卵状椭圆形，长10~50cm，成熟之叶羽状分裂，表面深绿色，有光泽，背面浅绿色，全缘；叶柄长8~12cm。

花朵 穗状花序单生叶腋；雄花序长圆筒形至长椭圆形或棒状，黄色或黄绿色。

果实 聚花果倒卵圆形或近球形，长15~30cm，直径8~15cm，绿色至黄色，柔软。

应用

果实富含淀粉，风味类似面包，可烘烤、蒸、炸，是重要的热带粮食植物。木材材质轻软，可用于建筑或独木舟。树姿优雅，观赏价值高。

药用

果实营养丰富，可用作营养补充品。

285

苹果榕

- 科名 / 桑科　　• 属名 / 榕属
- 别名 / 老威蜡、木瓜果、橡胶树

Ficus oligodon

	1月	2月	3月	4月	5月	6月	7月	8月	9月	10月	11月	12月
● 花期												
● 果期												

 **分布** 海南、广西、贵州、云南和西藏。

生长环境 生长于低海拔湿润的山谷、沟边、林地。

▶ 形态特征

小乔木，高5~10m；树皮灰色；树冠宽阔。

茎叶 叶互生，纸质，倒卵椭圆形或椭圆形，长10~25cm，宽6~23cm。

花朵 雄花生榕果内壁口部；瘿花有柄，生内壁中下部；雌花生长于另一植株榕果内壁。

果实 瘦果倒卵圆形，光滑，簇生长于老茎发出的短枝上，梨形或近球形，直径2.0~3.5cm，成熟深红色。

应用

成熟果实味道甜，可食用或酿酒、制作果酱。姿态美丽，适合观赏。

药用

树汁可治疗牛皮癣，叶清热利湿，果治疖肿。

桑椹

- 科名 / 桑科　　·属名 / 桑属
- 别名 / 桑果、桑椹子、桑枣、桑果、乌椹

Morus alba L. var. *alba*

	1月	2月	3月	4月	5月	6月	7月	8月	9月	10月	11月	12月
● 花期			███	████	███							
● 果期					████	████						

分布 原产我国中部和北部，现全国各地均有栽培。

生长环境 生长于丘陵、山坡、村旁、田野等处，多栽培。

▶ 形态特征

落叶灌木或小乔木，高3~10m。

 茎叶 单叶互生，叶卵形或广卵形，长5~15cm，宽5~12cm，基部圆形至浅心形，边缘锯齿粗钝。

 花朵 花黄绿色，单性，雌雄异株，腋生或生长于芽鳞腋内。雄花成柔荑花序；雌花成穗状花序。

果实 聚花果卵状椭圆形，长1.0~2.5cm，初时绿色，成熟后变肉质，黑紫色或红色。种子小。

应用

桑椹酸甜适口，可以鲜食、榨汁、泡酒、制作桑椹干。

药用

桑椹有滋阴补血、生津润肠、乌发明目、止渴解毒、养颜等功效。

287

天仙果

·科名/桑科 ·属名/榕属
·别名/牛奶榕、牛乳榕、牛奶浆、山无花果、牛奶珠

Ficus erecta

	1月	2月	3月	4月	5月	6月	7月	8月	9月	10月	11月	12月
● 花 期					▬▬	▬▬						
● 果 期					▬▬	▬▬						

 分布 台湾、广东、广西、贵州、湖北、湖南、江西、福建、浙江。

 生长环境 生长于山坡、山谷、林下或溪边。

▶ 形态特征

落叶小乔木或灌木，高2~7m；树皮灰褐色，小枝密生硬毛，托叶三角状披针形，浅褐色，早落。

茎叶 叶柄有灰白色短硬毛。叶厚纸质，倒卵状椭圆形，先端短渐尖，基部圆形至浅心形，全缘或上部偶有疏齿，表面较粗糙，疏生柔毛。

花朵 雌雄异株。雄花和瘿花生长于同一榕果内壁，雌花生长于另一植株的榕果中。瘦果细小。

果实 果实梨形或近球形，直径1.2~2cm。

应用

果可食，味道甜，可鲜食或干食。

药用

果实，煎汤内服，有润肠通便、解毒消肿之效。

288

无花果

· 科名/桑科　· 属名/榕属
· 别名/映日果、明目果、文先果、奶浆果、优昙钵

Ficus carica Linn.

	1月	2月	3月	4月	5月	6月	7月	8月	9月	10月	11月	12月
● 花期					███	███	███					
● 果期					███	███	███					

分布 原产地中海沿岸和中亚地区，我国南北均有栽培，新疆南部尤多。

生长环境 喜温暖湿润气候，耐瘠，抗旱，生长于温暖向阳的山坡，多栽培。

▶ 形态特征

落叶灌木或小乔木，高3~10m，全株具乳汁。多分枝，树皮灰褐色，皮孔明显，小枝粗壮直立。

 茎叶 叶互生，厚纸质，广卵圆形，长宽近相等，10~20cm，掌状叶脉明显，基部浅心形。

 花朵 雌雄异株隐头花序，花序托单生长于叶腋，雄花和瘿花生长于同一榕果内壁。

果实 榕果大而梨形，香甜，直径3~5cm。

应用

榕果味甜可食或作蜜饯、果酱、果酒、泡茶。树优美，也供庭园观赏。

药用

果入药，有健胃清肠、消肿解毒之效，治食欲不振、消化不良、乳汁不足等病症，并可抗肿瘤、增强免疫功能。

柘树

- 科名/桑科　属名/柘属
- 别名/拓树、柘桑、灰桑、黄桑、九重皮

Cudrania tricuspidata

	1月	2月	3月	4月	5月	6月	7月	8月	9月	10月	11月	12月
● 花 期					████	███						
● 果 期						████	██					

 分布 华北、华东、中南、西南各省区，北达陕西、河北。

生长环境 生长于阳光充足的山地、丘陵、溪旁、林缘。

▶ 形态特征

落叶灌木或小乔木，高1~7m；树皮灰褐色。

🌿 **茎叶** 叶卵形或菱状卵形，长5~14cm，宽3~6cm，先端渐尖，正面深绿色，背面绿白色。

❀ **花朵** 雌雄花序均为球形头状花序，单生或成对腋生。雄花序直径0.5cm，雄花花被片4，肉质，先端肥厚，内卷，雄蕊4，与花被片对生；雌花序直径1.0~1.5cm，花被片先端盾形，内卷。

🍒 **果实** 聚花果近球形，直径约2.5cm，成熟时橘红色。

应用

果实别名山荔枝、野荔枝，可生食或酿酒。

药用

果实，有清热凉血、舒筋活络之效；茎叶，可消炎止痛、祛风活血，治流行性腮腺炎、肺结核、慢性腰腿痛、急性关节扭伤等病症。

木荷

- 科名 / 山茶科 · 属名 / 木荷属
- 别名 / 何树、柯树、木艾树、回树、木荷柴

Schima superba

备注 本物种有毒。

	1月	2月	3月	4月	5月	6月	7月	8月	9月	10月	11月	12月
● 花期						━━	━━	━━				
● 果期									━━	━━		

 分布 江苏南部、安徽南部、台湾、浙江、福建、江西、湖北、湖南、广东、海南、广西及贵州。

 生长环境 生长于常绿阔叶林、山地杂木林中。

▶ 形态特征

常绿乔木，高约达27m。树皮灰褐色或深褐色。

🌿 **茎叶** 叶柄长1~2cm。单叶互生，革质，椭圆形，长7~12cm，正面深绿色，边缘有钝齿。

❀ **花朵** 花白色芳香，径约3cm，生枝顶叶腋，常多花成总状花序；花梗长1.0~2.5cm，无毛；苞片2，贴近萼片；萼片5，半圆形；花瓣5，长1~1.5cm，白色，倒卵形。

🌰 **果实** 蒴果扁球形，木质，径1.5~2.0cm；种子浅褐色，肾形，边缘有翅。

应用

优质木材来源，也是很好的防火林种和绿化植物。

药用

以根皮、叶入药，根皮有攻毒、消肿之效，用于疗疮、无名肿毒；叶可解毒疗疮。

291

垂序商陆

- 科名 / 商陆科 · 属名 / 商陆属
- 别名 / 洋商陆、美国商陆、美洲商陆、美商陆

Phytolacca americana

	1月	2月	3月	4月	5月	6月	7月	8月	9月	10月	11月	12月
● 花 期												
● 果 期												

备注 入侵植物，全株有毒，根及果实毒性最强。

应用

果穗下垂，姿态优雅，浆果如珠，观赏价值高。

药用

根供药用，有祛痰、平喘、镇咳、抗菌、抗炎、利尿、治白带、祛风湿之效，并有催吐作用。

分布

东北、长江地区以及福建、台湾、广东、广西等省市。

生长环境

常生长于疏林下、路旁和荒地。

▶ 形态特征

多年生草本，高1~2m。根肥大，倒圆锥形。

茎叶 茎直立，圆柱形，带紫红色。叶互生，椭圆状卵形，或长椭圆状披针形，先端急尖。

花朵 总状花序顶生或侧生，花梗长4~12cm；花白色，微带红晕；雄蕊、心皮及花柱均为8~12，心皮合生。

果实 果序下垂，轴不增粗；浆果扁球形，熟时紫黑色；种子平滑，长约3mm，黑色而具光泽。

榄仁树

- 科名 / 使君子科　　• 属名 / 诃子属
- 别名 / 山枇杷树、大叶榄仁树、凉扇树、琵琶树

Terminalia catappa

	1月	2月	3月	4月	5月	6月	7月	8月	9月	10月	11月	12月
● 花 期												
● 果 期												

分布　广东、台湾、云南、福建、广西有分布。

生长环境　常生长于气候湿热的海边沙滩上，多栽培作行道树。

▶ 形态特征

大乔木，高可达15m或更高；树皮褐黑色，纵裂。

茎叶　叶互生，常密集于枝顶，叶片倒卵形，长12~22cm，宽8~15cm，全缘，主脉粗壮，网脉稠密。

花朵　穗状花序腋生，长而纤细，长15~20cm；萼筒杯状，长8mm；萼齿5，三角形，与萼筒几等长。

果实　果椭圆形，有2棱，棱上具翅状的狭边，果皮木质，坚硬，成熟时青黑色；种子1颗，矩圆形。

应用

榄仁果仁可供食用及榨油，如炒菜、作馅饼馅料；叶可泡茶；木材可为舟船、家具等用材。

药用

叶对疮痛、头痛、发热、肝病、风湿关节炎有治疗功效；种子，可清热解毒。

293

使君子

- 科名 / 使君子科　·属名 / 使君子属
- 别名 / 五梭子、史君子、四君子、索子果

Quisqualis indica

	1月	2月	3月	4月	5月	6月	7月	8月	9月	10月	11月	12月
● 花期												
● 果期												

分布

福建、台湾、广西、江西、湖南、四川、贵州、云南及广东等地。

生长环境

生长于山坡、路旁、平地、灌木丛中。

▶ 形态特征

落叶攀缘状灌木，高2~8m。

茎叶 叶对生，膜质，长椭圆形至椭圆状披针形。

花朵 伞房状穗状花序顶生；苞片卵形至线状披针形；萼筒细管状，长约6cm，先端5裂；花瓣5，长圆形或倒卵形，初白色后变红色，有香气；雄蕊10，2轮；子房下位，1室，花柱丝状。

果实 果实橄榄状，锐棱角5条，成熟时外果皮脆薄，青黑色或栗色；种子1颗，白色。

应用

藤叶姿态优美，同株花白红相间，观赏价值高。

药用

果实入药，具有驱蛔虫、抗皮肤真菌、消积的作用。

君迁子

- 科名 / 柿科 • 属名 / 柿属
- 别名 / 黑枣、软枣

Diospyros lotus

	1月	2月	3月	4月	5月	6月	7月	8月	9月	10月	11月	12月
● 花 期												
● 果 期												

 分布 山东、辽宁、河南、河北、山西、陕西、甘肃、江苏、浙江、贵州、四川等省区。

 生长环境 生长于海拔500~2300m的山地、山坡、山谷的灌丛中，或在林缘。

▶ 形态特征

落叶乔木，高可达30m，胸高直径可达1.3m。

茎叶 冬芽带棕色。叶椭圆形至长椭圆形，上面深绿色，有光泽，下面绿色或粉绿色，有柔毛；叶柄有时有短柔毛，上面有沟。

花朵 花腋生；花萼钟形；花冠壶形，带红色。

果实 果近球形或椭圆形，初熟时为淡黄色，后则变为蓝黑色，常被有白色薄蜡层。

应用

广泛栽植作园庭树或行道树。成熟果实可供食用，亦可制成柿饼；又可供制糖，酿酒，制醋；果实、嫩叶均可供提取丙种维生素。

药用

止渴，除痰，清热，解毒，健胃。

295

老鸦柿

- 科名 / 柿科
- 属名 / 柿属

Diospyros rhombifolia

	1月	2月	3月	4月	5月	6月	7月	8月	9月	10月	11月	12月
● 花 期												
● 果 期												

 分布 江苏、安徽、浙江、江西、福建等地。

生长环境 生长于山坡灌丛、山谷沟旁或林中。

▶ 形态特征

落叶小乔木，高8m左右；树皮灰色，平滑。

茎叶 叶纸质，菱状倒卵形，长4.0~8.5cm，宽1.8~3.8cm，先端钝，基部楔形。

花朵 雄花生当年生枝下部；雄蕊16枚，每2枚连生，腹面1枚较短，花丝有柔毛。

果实 果单生，球形，直径约2cm，嫩时黄绿色，有柔毛，后变橙黄色，熟时桔红色，有蜡样光泽，无毛，顶端有小突尖。

酸枣

- 科名 / 鼠李科　·属名 / 枣属
- 别名 / 山枣、野枣、棘

Ziziphus jujuba

	1月	2月	3月	4月	5月	6月	7月	8月	9月	10月	11月	12月
● 花 期												
● 果 期												

 分布 华北、西北及辽宁、山东、江苏、安徽、河南、湖北、四川等地。

 生长环境 生长于向阳或干燥的山坡、山谷、丘陵、平原、路旁以及荒地，有栽种。

▶ 形态特征

落叶灌木或小乔木，高1~3m。

茎叶 单叶互生；叶柄极短；叶片长圆状卵形至卵状披针形，较小，先端短尖而钝，基部圆形，边缘有细锯齿，主脉3条。

花朵 花小，2~3朵簇生长于叶腋；花萼5裂，卵状三角形；花瓣5，黄绿色，与萼片互生。

果实 核果近球形，肉质，熟时暗红色，果皮薄。

应用

果实味酸甜，可鲜食，营养丰富，也可酿酒、制作饮料或晒干后磨成酸枣面。良好的蜜源植物。

药用

酸枣仁，有补肝宁心、安神之效，用于虚烦不眠、惊悸怔忡、烦渴、虚汗。

芡实

● 科名 / 睡莲科　● 属名 / 芡属
● 别名 / 鸡头米、刺荷叶、鸡头莲、鸡头荷、刺莲藕、假莲藕

Euryale ferox

	1月	2月	3月	4月	5月	6月	7月	8月	9月	10月	11月	12月
● 花 期												
● 果 期												

 分布　我国南北各省，中部、南部各省为多。

 生长环境　生长于池塘、湖沼、水田中。

▶ 形态特征

一年生大型水生草本。全株具尖刺。

🌿 **茎叶**　初生叶沉水，箭形或椭圆肾形，长4~10cm，两面无刺；后生叶浮于水面，椭圆肾形至圆形，盾状革质，全缘，直径10~130cm，革质，上面深绿色，多皱褶，下面深紫色毛。

🌸 **花朵**　花单生，昼开夜合，长约5cm；花瓣多数，长圆状披针形或披针形，长1.5~2.0cm，紫红色。

🍒 **果实**　浆果球形，海绵质，暗紫红。种子球形，黑色。

应用

种子含淀粉，供食用、酿酒及制副食品，如可做鸡头米羹、炖肉，但不宜一次吃得过多。

药用

种仁，有固肾、涩精、补脾止泄之效；根，可散结止痛、止带。

赤楠

- 科名 / 桃金娘科　● 属名 / 蒲桃属
- 别名 / 牛金子、山乌珠、赤楠蒲桃、瓜子柴

Syzygium buxifolium Hook. et Arn.

	1月	2月	3月	4月	5月	6月	7月	8月	9月	10月	11月	12月
● 花期												
● 果期												

分布

福建、江西、湖南、广东、广西、贵州、台湾等。

生长环境

喜温暖的气候，生长于低山疏林、峡谷溪旁或灌丛。

▶ 形态特征

灌木或小乔木，高1~6m。

 茎叶 叶片革质，阔椭圆形至椭圆形，有时阔倒卵形，长1.5~3.0cm，宽1~2cm，全缘。

花朵 聚伞状花序顶生，有花数朵，花白色；花梗长1~2mm；花蕾长3mm；萼管倒圆锥形，长约2mm，萼齿浅波状；花瓣4，分离，长2mm；雄蕊长2.5mm；花柱与雄蕊同等。

果实 果实球形，直径约5~7mm，成熟时紫黑色；内有种子1颗。

应用

可作盆景，观赏价值高。果子外皮可以食用，风味独特，是乡村较常见的野果。

药用

根和树皮可以入药，有健脾利湿、平喘化痰之效。

299

番石榴

•科名 / 桃金娘科 •属名 / 番石榴属
•别名 / 拔子、鸡矢果、番桃树、芭乐

Psidium guajava Linn.

	1月	2月	3月	4月	5月	6月	7月	8月	9月	10月	11月	12月
● 花 期												
● 果 期												

应用

果可直接食用，也可制作成果酱、果冻、酱料。

药用

叶、果实可入药。果实，降血糖；干燥幼果，收敛止泻、止血；叶，燥湿健脾、清热解毒。

分布

福建、台湾、广东、海南、广西、四川、云南等地。

生长环境

生长于荒地、林缘或低丘陵上。

▶ 形态特征

乔木，高达13m。

茎叶 叶对生；叶柄长5mm；叶片革质，长圆形至椭圆形，长6~12cm，羽状脉，先端急尖或钝，基部近圆形，全缘，正面稍粗糙，背面有毛。

花朵 花单生或2~3朵排成聚伞状花序；萼管钟形，萼帽近圆形，不规则裂开；花瓣4~5，长1.0~1.4cm，白色。

果实 浆果球形、卵圆形或梨形，果肉白色及黄色，胎座肥大，肉质，淡红色；种子多数。

蒲桃

- 科名 / 桃金娘科 - 属名 / 蒲桃属
- 别名 / 水蒲桃

Syzygium jambos (L.) Alston

	1月	2月	3月	4月	5月	6月	7月	8月	9月	10月	11月	12月
● 花期			▬	▬								
● 果期					▬	▬						

 台湾、福建、广东、广西、贵州、云南等省区。

 喜生河边及河谷湿地。

▶ 形态特征

乔木，高10m；主干极短，广分枝；小枝圆形。

茎叶 叶片革质，披针形或长圆形，长12~25cm，宽3.0~4.5cm；叶柄长6~8mm。

花朵 聚伞状花序顶生，有花数朵；花白色，直径3~4cm；花瓣分离，阔卵形，长约14mm；雄蕊长2~2.8cm；花药长1.5mm；花柱与雄蕊等长。

果实 果实球形，果皮肉质，直径3~5cm，成熟时黄色，有油腺点；种子1~2颗，多胚。

应用

果实除可食用外，还可与其他原料制成果膏、蜜饯或果酱。

药用

凉血，收敛。主治腹泻、痢疾。外用治刀伤出血。

桃金娘

•科名 / 桃金娘科　•属名 / 桃金娘属
•别名 / 岗棯、金丝桃、山棯子、多莲、多奶、棯果

Rhodomyrtus tomentosa

	1月	2月	3月	4月	5月	6月	7月	8月	9月	10月	11月	12月
● 花 期				■	■	■	■					
● 果 期							■	■	■			

 分布 台湾、福建、广东、广西、香港、云南、贵州、湖南。

生长环境 生长于丘陵坡地，性喜酸土。

▶ 形态特征

灌木，高1~2m。幼枝有灰白色柔毛。

🌿茎叶 叶对生，革质，椭圆形或倒卵形，全缘，长3~8cm；叶柄长4~7mm，被绒毛。

✳花朵 花有长梗，常单生，紫红色，直径2~4cm；萼管倒卵形，长6mm，有灰茸毛，萼裂片5，近圆形，宿存；花瓣5，倒卵形，长1.3~2.0cm。

🍒果实 浆果卵状壶形，长1.5~2.0cm，熟时紫黑色。种子每室2列。

应用

花美丽，可以制作盆景或在庭园中丛植或片植。成熟果可食，也可酿酒、制饮料，还是鸟类的天然食源。

药用

果实滋养，可养血止血、涩肠固精。根，有祛风活络、收敛止泻之效。

302

肖蒲桃

· 科名 / 桃金娘科
· 属名 / 肖蒲桃属

Acmena acuminatissima

	1月	2月	3月	4月	5月	6月	7月	8月	9月	10月	11月	12月
● 花 期							████	████	████	████		
● 果 期	████										████	████

 分布 广东、广西等省区。中南半岛、马来西亚和印度、印度尼西亚、菲律宾等地。

 生长环境 生长于低海拔至中海拔林中。

▶ 形态特征

常绿乔木，高20m；嫩枝圆形或有钝棱。

🌿 茎叶 叶片革质，卵状披针形或狭披针形，长5~12cm，宽1.0~3.5cm，先端尾状渐尖，尾长2cm，基部阔楔形，上面干后暗色，多油腺点。

❀ 花朵 聚伞状花序排成圆锥状花序，长3~6cm，顶生；花3朵聚生；花蕾倒卵形，长3~4mm；花瓣小，长1mm，白色；雄蕊极短。

🍒 果实 浆果球形，直径1.5cm，黑紫色；种子1个。

应用

可作庭院树及风景树。

栓翅卫矛

•科名 / 卫矛科　•属名 / 卫矛属
•别名 / 翅卫矛、斩鬼剑、四棱树

Euonymus phellomanus

	1月	2月	3月	4月	5月	6月	7月	8月	9月	10月	11月	12月
● 花 期							▬					
● 果 期									▬▬▬▬			

 分布 甘肃、陕西、河南及四川北部。

 生长环境 生长于山谷林中、山腰灌丛、林缘，在南方多生长于海拔较高地带。

▶ 形态特征

落叶灌木，高3~4m。

茎叶 叶长椭圆形或略呈椭圆倒披针形，长6~11cm，先端窄长渐尖，边缘具细密锯齿；叶柄长8~15mm。

花朵 聚伞状花序2~3次分枝，有花7~15朵；花白绿色，直径约8mm。

果实 蒴果倒圆心状，长7~9mm，直径约1cm，粉红色；种子椭圆状，种脐、种皮棕色，假种皮橘红色。

应用

枝叶别致、果实粉色玲珑，观赏价值高。优质木材来源。

药用

枝可药用，有活血调经、散瘀止痛、消肿之效。

倒地铃

- 科名 / 无患子科　　· 属名 / 倒地铃属
- 别名 / 风船葛、灯笼草、金丝苦楝藤、野苦瓜、包袱草

Cardiospermum halicacabum

	1月	2月	3月	4月	5月	6月	7月	8月	9月	10月	11月	12月
● 花　期			■	■	■	■	■	■				
● 果　期									■	■	■	■

分布 我国东部、南部和西南部。

生长环境 生长于田野、灌丛、路边和林缘，也有栽培。

▶ 形态特征

草质攀缘藤本，长1~5m。

茎叶 二回三出复叶；叶柄长3~4cm；小叶近无柄，顶生小叶斜披针形或近菱形，长3~8cm，宽1.5~2.5cm。

花朵 圆锥状花序少花，总花梗长4~8cm，卷须螺旋状；花瓣4枚，乳白色，倒卵形。

果实 蒴果梨形、陀螺状倒三角形，高1.5~3.0cm，宽2~4cm，褐色；种子黑色，有光泽。

应用

藤蔓优美，果似铃铛又似灯笼，观赏价值高。

药用

全草入药，有散瘀消肿、凉血解毒、利湿之效，用于跌打损伤、疮疖痈肿、湿疹、毒蛇咬伤。

文冠果

Xanthoceras sorbifolium

	1月	2月	3月	4月	5月	6月	7月	8月	9月	10月	11月	12月
● 花 期			■	■	■							
● 果 期									■	■		

分布 我国北部和东北部，西至宁夏、甘肃，北至内蒙古，南至河南。

生长环境 喜阳，耐半阴，对土壤适应性很强，抗旱能力极强。

▶ 形态特征

落叶灌木或小乔木，高2~5m。

 茎叶 叶连柄长15~30cm；小叶膜质或纸质，披针形或近卵形，长2.5~6.0cm，宽1.2~2.0cm。

 花朵 花瓣白色，基部紫红色或黄色，有清晰的脉纹，长约2cm，宽7~10mm，爪之两侧有须毛。

果实 蒴果长达6cm；种子长达1.8cm，黑色而有光泽。

应用

抗性很强，是荒山绿化的首选树种；木材坚实致密，纹理美，是制作家具及器具的好材料。

药用

祛风除湿，消肿止痛。主治风湿热痹、筋骨疼痛。

梧桐

- 科名 / 梧桐科 · 属名 / 梧桐属
- 别名 / 中国梧桐、桐麻、青桐

Firmiana platanifolia

	1月	2月	3月	4月	5月	6月	7月	8月	9月	10月	11月	12月
● 花 期						▬						
● 果 期									▬▬▬			

分布 我国南北各省，华北至华南、西南广泛栽培，尤以长江流域为多。

生长环境 喜光，生长于平原、丘陵、山坡，多栽培于庭园、房前屋后。

▶ 形态特征

落叶乔木，挺直，高达16m；树皮青绿色，平滑。

 茎叶 叶大，阔卵形或心形，直径15~30cm，3~5裂至中部，裂片宽三角形。

 花朵 圆锥状花序顶生，长20~40cm，有分枝；花小，淡黄绿色；萼片条形，向外卷曲。

果实 蓇葖果膜质，有柄；每蓇葖果有种子2~4个，种子圆球形。

应用

行道树及庭园绿化观赏树。木为制作乐器的良材。种子炒熟可食或榨油。

药用

根、叶、花和种子入药，有清热解毒、祛风除湿、降血压的功效。

银叶树

- 科名 / 梧桐科　属名 / 银叶树属
- 别名 / 银叶板根、大白叶仔

Heritiera littoralis Dryand.

	1月	2月	3月	4月	5月	6月	7月	8月	9月	10月	11月	12月
● 花 期						███	███					
● 果 期							███	███				

 分布 广东、广西和台湾有分布。

 生长环境 生长于热带海滨。

▶ 形态特征

常绿乔木，高约10m。

茎叶 叶革质，矩圆状披针形、椭圆形或卵形，长10~20cm，宽5~10cm，顶端锐尖或钝，基部钝，背面密被银白色鳞秕；叶柄长1~2cm。

花朵 圆锥状花序腋生，长约8cm；花红褐色，成簇。

果实 果木质，坚果状，近椭圆形，光滑，干时黄褐色，长约6cm，宽约3.5cm；种子卵形，长2cm。

应用

为热带海岸红树林的重要树种。优质木材来源，可用于建筑和桥梁。嫩枝含鞣质，可做牙刷。

药用

种子入药，涩肠止泻，可治疗腹泻、痢疾。

珠子参

- 科名 / 桔梗科　• 属名 / 党参属
- 别名 / 鸡蛋参

Codonopsis convolvulacea Kurz.var *forrestii* (Diels)Ballavd

	1月	2月	3月	4月	5月	6月	7月	8月	9月	10月	11月	12月
● 花期					━━━━	━━						
● 果期							━━━━	━━━	━			

分布 云南中北部、贵州、四川南部。

生长环境 生长于海拔800～4000m的山坡竹林下、杂木林中或沟边。

▶ 形态特征

多年生草本。

茎叶 掌状复叶，3～5轮生茎顶；小叶通常5，椭圆形或椭圆状卵形，边缘具细密锯齿或呈重锯齿状，边缘及两面散生刺毛。

花朵 伞形花序单一，总花梗细长，花5数。

果实 核果浆果状，圆球形，红色。

药用

补养气血、健脾、生津清热。用于感冒、咳嗽、扁桃体炎、胸痛、食欲不振、营养不良。

大花五楂果

- 科名 / 五楂果科　·属名 / 五楂果属
- 别名 / 大花第伦桃

Dillenia turbinata Finet et Gagnep.

	1月	2月	3月	4月	5月	6月	7月	8月	9月	10月	11月	12月
● 花　期				▬	▬	▬						
● 果　期					▬	▬	▬					

 分布 广东、海南、广西及云南有分布。

 生长环境 生长于常绿树林、山谷溪旁，有栽培。

▶ 形态特征

常绿乔木，高达30m。嫩枝粗壮，有褐色绒毛。

茎叶 叶柄粗壮；叶革质，倒卵形或长倒卵形，长12~30cm，宽7~14cm，边缘有疏离锯齿。

花朵 总状花序生枝顶，有花3~5朵，花大有香气，直径10~12cm；单瓣5枚，薄，黄色，有时呈黄白或浅红色，倒卵形勺状，长5~7cm。

果实 果实近于圆球形，直径4~5cm，暗红色；种子倒卵形，长6mm。

应用

果实多汁且略带酸味，可作为果酱原料。树姿优美，花大耀眼，果红娇艳，观赏价值高。

药用

根、树皮入药，有收敛、解毒之效。

龙珠果

- 科名 / 西番莲科　• 属名 / 西番莲属
- 别名 / 龙须果、香花果、野仙桃、龙珠草、假苦果

Passiflora foetida L.

	1月	2月	3月	4月	5月	6月	7月	8月	9月	10月	11月	12月
● 花期							▬	▬				
● 果期				▬	▬							

分布 我国福建、云南、台湾、广西、广东等地有栽培和逸生。

生长环境 喜温暖湿润气候，常见逸生长于海拔120~500m的草坡路边。

▶ 形态特征

草质藤本。

茎叶 茎具条纹。叶膜质，宽卵形至长圆状卵形，长4.5~13.0cm，宽4~12cm，边缘呈不规则波状。

花朵 聚伞状花序退化仅存1花，与卷须对生；花白色或淡紫色，具白斑，直径2~3cm；苞片3枚，一至三回羽状分裂；萼片5枚；花瓣5枚，与萼片等长。

果实 浆果卵圆球形，直径2~3cm；种子椭圆形。

应用

果味甜，将果实洗净后可直接食用。

药用

全草清热解毒、清肺止咳、凉血润燥，主治肺热咳嗽、小便混浊、外伤性眼角膜炎。

南天竹

- 科名 / 小檗科　- 属名 / 南天竹属
- 别名 / 蓝田竹、白天竹、钻石黄、天竹

Nandina domestica Thunb.

	1月	2月	3月	4月	5月	6月	7月	8月	9月	10月	11月	12月
● 花期												
● 果期												

分布

江苏、浙江、安徽、江西、福建、云南、广西、四川、陕西等省。

生长环境

生长于山地疏林、沟旁路边或灌丛中，多栽培。

▶ **形态特征**

常绿灌木，高约2m。

☑ **茎叶** 叶互生，革质有光泽，常为三回羽状复叶，长30~50cm；小叶3~5片，各级小叶片对生，椭圆状披针形，长3~7cm，两面深绿色，冬季常变红色。

✽ **花朵** 大型圆锥状花序，长15~35cm；花直径约6mm，芳香；萼片多轮，外轮萼片卵状三角形，内轮较大，卵状长圆形；花瓣长圆形。

🍒 **果实** 浆果球形，熟时鲜红色，稀橙红色，直径6~7mm。

应用

各地庭园常有栽培，为优良观赏植物和插花材料。

药用

根、叶有清热除湿、强筋活络、消炎解毒之效；果实止咳平喘。

篱栏网

- 科名 / 旋花科　·属名 / 鱼黄草属
- 别名 / 鱼黄草、茉栾藤、小花山猪菜、广西百仔、犁头网

Merremia hederacea (Burm. f.) Hall. f.

	1月	2月	3月	4月	5月	6月	7月	8月	9月	10月	11月	12月
● 花期												
● 果期												

分布

台湾、广东、海南、广西、江西、云南。

生长环境

生长于海拔130~800m的灌丛、沟边或路旁草丛。

▶ **形态特征**

匍匐草本，长1~3m。

茎叶 叶心状卵形，长1.5~7.5cm，宽1~5cm，全缘，有时为深或浅3裂；叶柄细长，长1~5cm。

花朵 聚伞状花序腋生，有3~5朵花；花梗长2~5mm；小苞片早落；萼片宽倒卵状匙形，或近于长方形；花冠淡黄色，钟状，长0.8cm，外面无毛，内面近基部具长柔毛。

果实 蒴果扁球形或宽圆锥形，黄棕色，4瓣裂；内含种子4粒，三棱状球形，长3.5mm。

应用

叶翠绿、花鹅黄，植株雅致，可用作园林观赏。

药用

全草入药，有清热解毒、利咽喉之效，用于感冒、急性扁桃体炎、咽喉炎、急性眼结膜炎等病症。

313

水麻

- 科名 / 荨麻科　· 属名 / 水麻属
- 别名 / 水麻桑、柳莓

Debregeasia orientalis

	1月	2月	3月	4月	5月	6月	7月	8月	9月	10月	11月	12月
● 花期			▬	▬								
● 果期					▬	▬	▬					

 分布 西藏东南部、云南、广西、贵州、四川、甘肃南部、陕西南部、湖北、湖南、台湾。

 生长环境 常生长于溪谷河流两岸潮湿地区，海拔300~2800m处。

▶ 形态特征

灌木，高达1~4m，小枝纤细，暗红色。

茎叶 叶纸质或薄纸质，干时硬膜质，长圆状狭披针形或条状披针形，长5~18 cm，宽1.0~2.5cm，边缘有不等的细锯齿或细牙齿，上面暗绿色。

花朵 花序雌雄异株，稀同株，生上年生枝和老枝的叶腋。

果实 瘦果小浆果状，倒卵形，鲜时橙黄色。

应用

果可食，叶可作饲料。

药用

清热利湿，止血解毒。主小儿疳积、头疮、中耳炎、小儿急惊风、风湿关节痛、咳血，痈疖肿毒。

杨梅

• 科名 / 杨梅科　• 属名 / 杨梅属
• 别名 / 山杨梅、朱红、珠蓉、树梅、白蒂梅

Myrica rubra

	1月	2月	3月	4月	5月	6月	7月	8月	9月	10月	11月	12月
● 花期				▬								
● 果期					▬▬▬▬							

 分布 江苏、浙江、台湾、福建、江西、湖南、贵州、四川、云南、广西和广东。

 生长环境 喜酸性土壤，常生长于低山丘陵向阳山坡或山谷中。

▶ 形态特征

常绿乔木，高可达15m；树冠球形。

茎叶 单叶互生；叶片长椭圆或倒披针形，革质，长8~13cm，全缘，正面深绿色，有光泽，背面色稍淡。

花朵 雄花序常数条丛生长于叶腋，圆柱形，长约3cm，黄红色；雌花序为卵状长椭圆形，长约1.5cm，常单生长于叶腋。

果实 核果球形，径约1.8cm，外果皮肉质，多汁，味酸甜，熟时深红色或紫红色；核为阔椭圆形。

应用

果酸甜适中，除鲜食外，可加工成杨梅干、酱、蜜饯等。树姿优美，也是园林绿化优良树种。

药用

果实入药，可生津解渴、和胃消食；树皮、根皮或根，有行气活血、止痛、止血、解毒消肿之效。

地葵

- 科名 / 野牡丹科　● 属名 / 野牡丹属
- 别名 / 地稔、铺地锦、山地葵、地枇杷、地脚葵

Melastoma dodecandrum

	1月	2月	3月	4月	5月	6月	7月	8月	9月	10月	11月	12月
● 花期												
● 果期												

 分布　浙江、江西、湖南、广西、广东、贵州、福建有分布。

 生长环境　喜酸性土壤，生长于山坡矮草丛中。

▶ 形态特征

矮小灌木，高10~30cm。

🌿 **茎叶**　叶对生；叶柄长2~6mm；叶片坚纸质，卵形或椭圆形，长1~4cm，宽0.8~3.0cm。

❀ **花朵**　聚伞状花序顶生，有花1~3朵，基部叶状总苞2；花梗2~10mm；花萼管长约5mm；花瓣淡紫色至紫红色，菱状倒卵形，长1.2~2.0cm，先端有1束刺毛。

🍒 **果实**　果坛状球形，平截，肉质，不开裂，宿存萼被糙伏毛。

应用

果可食，酸甜多汁，亦可酿酒。可以提取天然色素用于食品加工。

药用

全株供药用，可活血止血、清热解毒；果有补肾养血、止血安胎之效。

银杏

- 科名 / 银杏科　· 属名 / 银杏属
- 别名 / 白果、公孙树、鸭脚子、鸭掌树

Ginkgo biloba L.

备注 叶片扇形，淡绿色，秋季落叶前变黄。

	1月	2月	3月	4月	5月	6月	7月	8月	9月	10月	11月	12月
● 花期			████	████								
● 果期									████	████		

分布 我国特产物种，浙江天目山有野生，现沈阳以南、广州以北各地均有栽培。

生长环境 生长于海拔500~1000m的酸性土壤、排水良好的天然林中，也栽培于庭园、景区、道路旁。

▶ 形态特征

落叶乔木，高可达40m。

☑ 茎叶 叶扇形，有长柄，淡绿色，在长枝上呈螺旋状互生，在短枝上为螺旋状簇生状。

❀ 花朵 花单性，雌雄异株。雄花呈下垂的短柔荑花序；雌花每2~3个聚生长于短枝上，每花有一长柄。

🌰 果实 成熟种子卵圆形成近球形，直径2~3cm；外种皮肉质，成熟时黄色，胚乳丰富，肉质，子叶2枚。

应用

种子供食用（多食易中毒），养生延年，可炒食、烤食、煮食，或制作配菜、糕点、蜜饯、罐头、饮料和酒类。

药用

种子，用于痰多喘咳、带下白浊、遗尿尿频；叶，用于咳喘、冠心病。

317

博落回

- 科名 / 罂粟科　· 属名 / 博落回属
- 别名 / 三钱三、山火筒、空洞草、通大海、号筒杆

Macleaya cordata

备注 本物种有毒，不可内服。

	1月	2月	3月	4月	5月	6月	7月	8月	9月	10月	11月	12月
● 花期						██	██	██	██	██	██	
● 果期						██	██	██	██	██	██	

分布 江苏、浙江、安徽、福建、江西、湖北、湖南、广东、广西、海南、四川、台湾等省。

生长环境 生长于山坡、路边、丘陵、林中、灌丛或草丛间。

▶ 形态特征

直立大型草本，基部灌木状，高1~4m。

茎叶 单叶互生，宽卵形或近圆形，长5~27cm，宽5~25cm，正面绿色、光滑。

花朵 大型圆锥状花序多花，长15~40cm，顶生和腋生；苞片狭披针形。

果实 蒴果下垂，倒披针形，扁平。种子通常4~8枚，卵球形，褐色。

应用

可作天然农药。植株秀美，适合庭园角落、林缘池旁观赏。

药用

外用，有消肿、解毒、杀虫之效，治跌打损伤、脓肿、急性扁桃体炎、中耳炎等。

藿香叶绿绒蒿

• 科名 / 罂粟科
• 属名 / 绿绒蒿属

Meconopsis betonicifolia

	1月	2月	3月	4月	5月	6月	7月	8月	9月	10月	11月	12月
● 花　期												
● 果　期												

分布

云南西北部和西藏东南部。

生长环境

生长于海拔3000~4000m的林下或草坡。

▶ 形态特征

一年生或多年生草本。

 茎叶 基生叶卵状披针形或卵形，长5~15cm，顶端圆或急尖，基部心形或截形，边缘宽缺刻状圆裂，两面被稀疏的长柔毛，背面略被白粉。下部茎生叶同基生叶，上部茎生叶较小。

❀ **花朵** 花3~6朵，生长于茎生叶腋内。花直径6~8cm；花瓣4，宽卵形、圆形或倒卵形，长3~5cm，宽2.0~3.5cm，天蓝色或紫色，具明显的纵条纹。

❀ **果实** 蒴果长圆状椭圆形；种子近肾形，长约1mm。

应用

植株姿态优雅，蓝色花朵大而艳丽，是高原重要野生花卉资源。

药用

根入药，有清肺止咳、清热利湿之效。

玉蕊

- 科名 / 玉蕊科
- 属名 / 玉蕊属

Barringtonia racemosa (L.) Spreng.

	1月	2月	3月	4月	5月	6月	7月	8月	9月	10月	11月	12月
● 花期												
● 果期												

 分布 广东、台湾。

生长环境 不耐干旱和低温。种子有一定的耐荫性，生长初期对低温比较敏感。

▶ 形态特征

乔木，高达15m，全株无毛。

🌿 **茎叶** 叶互生，或常聚生长于枝顶，长椭圆形至倒卵状椭圆形，长20~30cm，宽5~15cm。

❀ **花朵** 总状花序顶生，下垂，长20~60cm；花瓣4，白色或粉红色，长2.0~2.5cm；雄蕊多数，长3~4cm，花丝基部合生成短管。

🍒 **果实** 果卵状，长5~6cm，果皮革质。

应用

可作园林观赏植物。

药用

泻火退热，止咳平喘，用于热病。

320

金柑

- 科名 / 芸香科 · 属名 / 金橘属
- 别名 / 圆金柑、圆金橘、罗纹

Fortunella japonica (Thunb.) Swingle

	1月	2月	3月	4月	5月	6月	7月	8月	9月	10月	11月	12月
花期				███								
果期	████										████	

分布

福建、广东、海南及广西东南部。

生长环境

生长于山地、丘陵，栽培于庭园、果园。

▶ 形态特征

小乔木或灌木状，高达5m。枝具刺，有分枝。

茎叶 单叶互生；小叶上面深绿色，光亮，下面灰青色，中脉突起，卵状椭圆形或长圆状披针形，长4~8cm，全缘或中部以上具细钝齿。

花朵 花单朵或2~3朵簇生长于叶腋；花萼裂片4或5枚，宿存；花瓣5枚。

果实 果球形或宽卵形，径1.5~2.5cm，橙黄色至橙红色，果皮厚1.5~2.0mm，味甜，油胞平坦或稍凸起，瓤囊5~6，果肉酸或略甜；种子2~5粒，卵形。

备注 在人工栽培情况下，一年可开花三次。

应用

果实有清香，可连皮生食，也可制作糖渍果、凉果等。外形美观、枝叶繁茂、四季常青、果实金黄、观赏价值高，可盆栽或植于庭园。

药用

果实，有理气解郁、消食化痰、醒酒之效。

芸香科 Wild fruit · 野果

321

千里香

•科名 / 芸香科　•属名 / 九里香属
•别名 / 月橘、七里香、九秋香、九树香、十里香、万里香、过山香

Murraya paniculata (L.) Jack.

	1月	2月	3月	4月	5月	6月	7月	8月	9月	10月	11月	12月
● 花 期												
● 果 期												

 广东、广西、台湾、福建、海南及湖南、贵州、云南。

 生长于低丘陵、旷地或海拔高的山地疏林或密林中。

▶ 形态特征

常绿灌木或小乔木，高达12m。

茎叶 奇数羽状复叶互生；小叶3~5，稀7片，卵形或卵状披针形，长3~9cm，全缘，波浪状起伏，正面深绿色、光泽，背面青绿色，纸质或厚纸质。

花朵 聚伞状花序，顶生或腋生，花通常10朵以内，芳香；花瓣5，白色，倒披针形或狭长圆形。

果实 浆果橙黄，椭圆形或卵形，长1cm左右。

应用

果、叶作调味料，可去异味、增香辛；花、叶、果均可提炼精油。可用于盆栽观赏或绿篱。

药用

根、叶用作草药，有行气止痛、活血散瘀之效。

小花山小橘

·科名 / 芸香科　·属名 / 山小橘属
·别名 / 山小橘、山橘仔

Glycosmis parviflora

	1月	2月	3月	4月	5月	6月	7月	8月	9月	10月	11月	12月
● 花期												
● 果期												

 分布 海南、台湾、福建、广东、广西、贵州、云南。

 生长环境 生长于低海拔缓坡、山地杂木林及路旁树下的灌木丛中。

▶ 形态特征

灌木或小乔木，高1~3m。

茎叶 通常小叶2~4片；小叶片椭圆形、长圆形或披针形，长5~19cm，宽2.5~8.0cm，无毛，全缘。

花朵 圆锥状花序腋生及顶生，通常3~5cm；花瓣白色，长约4mm，长椭圆形，较迟脱落。

果实 果圆球形或椭圆形，径10~15mm，淡黄白色转淡红色或暗朱红色；有种子2~3粒，稀1粒。

应用

果略甜，轻度麻舌，可少食。适合作插花材料、富有野趣。

药用

根及叶入药。根，可行气消积、化痰止咳；叶，有散瘀消肿之效。

山鸡椒

•科名/樟科　•属名/木姜子属

•别名/豆豉姜、山苍树、山苍子、木姜子、山姜子、山胡椒

Litsea cubeba

	1月	2月	3月	4月	5月	6月	7月	8月	9月	10月	11月	12月
● 花期												
● 果期												

 分布　长江流域以南各地。

 **生长环境**　生长于向阳山林、山地疏林、灌丛、荒地和路旁。

▶ 形态特征

落叶灌木或小乔木，枝、叶具芳香味。

茎叶　叶互生，椭圆状披针形，长5~13cm，先端渐尖，正面绿色而下面灰绿色，羽状脉。

花朵　伞形花序单生或簇生长于叶腋短枝上；每一伞形花序有花4~6朵，先叶开放或与叶同时开放；花被片6，宽卵形。

果实　果近球形，直径4~5mm，黑色。

应用

果实可以作食品调料。花、叶和果皮可提制柠檬醛，合成高级香料。核仁可榨油，供工业用。

药用

果实入药，有温中散寒、行气止痛、健脾消食、温肾助阳之效，治疗血吸虫病。

无根藤

·科名 / 樟科　·属名 / 无根藤属
·别名 / 无头草、无爷藤、罗网藤、无头藤、无根草

Cassytha filiformis

备注 寄生植物，需注意危害其他植被。

	1月	2月	3月	4月	5月	6月	7月	8月	9月	10月	11月	12月
● 花期												
● 果期												

分布 广东、广西、贵州、云南、湖南、浙江、江西、福建、台湾等地。

生长环境 生长于山间疏林、山坡灌木丛中和阳光充足处。

▶ 形态特征

寄生缠绕草本。

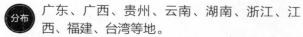 **茎叶** 线形茎绿色或绿褐色，幼嫩部分被锈色短柔毛，以盘状吸根攀附于其他植物上。叶退化为微小的三角状鳞片。

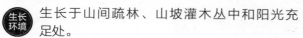 **花朵** 花极小，两性，白色，长不及2mm，无梗，集成疏散的穗状花序，密被锈色短柔毛。

 果实 浆果小，球形，直径约7mm，花被宿存。

应用

可作造纸用的糊料。

药用

全草药用，有清热利湿、凉血解毒之效，治肾炎水肿、尿路结石、感冒发热及湿疹等病症。

猪笼草

•科名/猪笼草科　•属名/猪笼草属
•别名/捕虫草、猴子埕、猪仔笼、担水桶、猴子笼

Nepenthes mirabilis (Lour.) Merr.

	1月	2月	3月	4月	5月	6月	7月	8月	9月	10月	11月	12月
● 花期				■	■	■	■	■	■	■	■	
● 果期								■	■	■	■	

分布

广东西部、南部和海南。

生长环境

生长于向阳潮湿地带的沼泽、路边、山腰和山顶等灌丛、草地或林下。

▶ 形态特征

食虫草本，高约1.5m。

 茎叶 叶互生。基生叶密集，近无柄，基部半抱茎，叶片披针形；茎生叶散生，具柄，叶片长圆形或披针形。瓶状体近圆筒状，长2~6cm，狭卵形或近圆柱形，被疏柔毛和星状毛，具2翅，翅缘睫毛状，瓶盖卵形或近圆形。

花朵 花序为总状花序和圆锥花序，总状花序长20~40cm；花被片4，红至紫红色，椭圆形或长圆形。

果实 蒴果长15~30mm，栗色，熟后开裂为4瓣果。

应用

猪笼草造型奇特，可作为珍奇观赏植物。

药用

茎叶入药，有润肺止咳、清热利湿、排石、解毒消肿之效，可降血压。

蜡烛果

· 科名 / 紫金牛科
· 属名 / 蜡烛果属

Aegiceras corniculatum (Linn.) Blanco

	1月	2月	3月	4月	5月	6月	7月	8月	9月	10月	11月	12月
● 花 期	▬	▬										▬
● 果 期										▬	▬	▬

 分布 广西、广东、福建及南海诸岛。

 生长环境 生长于海边潮水涨落的污泥滩上。

▶ 形态特征

灌木或小乔木，高1.5~4.0m。

 茎叶 叶互生；叶片革质，倒卵形、椭圆形或广倒卵形，长3~10cm，宽2.0~4.5cm，叶面无毛，中脉平整，背面密被微柔毛，中脉隆起。

花朵 花冠白色，钟形，长约9mm，管长3~4mm，里面被长柔毛；裂片卵形，顶端渐尖，基部略不对称；花药卵形或长卵形，与花丝几成丁字形；雌蕊与花冠等长；子房卵形，与花柱无明显的界线，连成一圆锥体。

应用

树皮含鞣质，可作提取栲胶的原料；木材是较好的薪炭柴；组成的森林有防风、防浪作用。

山血丹

•科名 / 紫金牛科　•属名 / 紫金牛属
•别名 / 小罗伞、细罗伞树、沿海紫金牛、铁雨伞、血党

Ardisia punctata Lindl.

	1月	2月	3月	4月	5月	6月	7月	8月	9月	10月	11月	12月
● 花期					■	■	■					
● 果期										■	■	■

分布

广东、广西、浙江、江西、福建、湖南。

生长环境

生长于山谷、山坡林下湿地、水旁和阴湿的地方。

▶ **形态特征**

灌木，高1~2m，除侧生特殊花枝外，无分枝。

🌿 **茎叶** 叶互生；叶柄长1.0~1.5cm；叶片革质或近坚纸质，椭圆状披针形，长9.0~12cm，边缘反卷，叶面无毛，被微柔毛。

❀ **花朵** 亚伞形花序，单生或稀为复伞形花序，着生长于侧生特殊花枝顶端；花枝顶端下弯。萼片长圆状披针形或卵形；花瓣白色，椭圆状卵形，顶端圆形，具明显的腺点。

🍒 **果实** 果球形，直径约6mm，深红色，微肉质，具疏腺点。

应用

可作观赏植物和插花材料。

药用

以根或叶入药，可清热解毒、活血止痛、调经、祛风除湿。

硃砂根

· 科名 / 紫金牛科　· 属名 / 紫金牛属
· 别名 / 朱砂根、大罗伞、平地木、石青子、山豆根、八爪金龙

Ardisia crenata Sims

	1月	2月	3月	4月	5月	6月	7月	8月	9月	10月	11月	12月
● 花期					▬	▬						
● 果期		▬	▬	▬						▬	▬	▬

 分布 湖北至海南各地，西藏东南部至台湾。

 生长环境 生长于林荫下或灌木丛中。

▶ 形态特征

灌木，高达1~2m。

☘ 茎叶 叶互生；叶柄长约1cm；叶片革质或坚纸质，椭圆形、椭圆状披针形至倒披针形，边缘皱波状或有波状齿；侧脉12~18对。

✿ 花朵 伞形花序或聚伞状花序；萼片长圆状卵形；花瓣白色，卵形，先端急尖，具腺点。雄蕊较花瓣短，花药箭形；雌蕊与花瓣近等长或略长。

🍒 果实 核果球形，直径6~8mm，鲜红色，具腺点。

应用

果可食，亦可榨油、制肥皂。果实艳丽亦为观赏植物。

药用

根、叶入药，可清热解毒、散瘀止痛、通经活络，用于上呼吸道感染、咽喉肿痛、扁桃体炎、跌打损伤等病症。

单叶省藤

- 科名 / 棕榈科　● 属名 / 省藤属
- 别名 / 省藤、宽刺黄藤、厘藤、牛吊藤

Calamus simplicifolius C. F. Wei

	1月	2月	3月	4月	5月	6月	7月	8月	9月	10月	11月	12月
● 花 期					▬▬▬	▬▬▬						
● 果 期										▬▬	▬▬	▬▬

 分布 海南、广西。

生长环境 生长于山地密林中。

▶ 形态特征

攀缘藤本，带鞘茎粗3~6cm。

 茎叶 叶羽状全裂，长2~3m，基生叶无纤鞭，茎上部叶具粗的长纤鞭，长1.0~1.5m。

❋ 花朵 雄花序圆锥状，直立或拱垂，三回分枝；小穗状花序长2.5~4.5cm，有10~20朵排列紧密的花；雌花序长45~60cm，直立，具二回分枝。

果实 种子球形或近球形，稍扁。

应用

园林观赏，绿化墙壁、假山。藤可编织藤椅、藤篮、藤席等各式藤器。

索引